工程施工、质量与监理简明实用手册

基坑支护

王云江　马晓华　占　宏　朱怀甫　编

中国建筑工业出版社

图书在版编目（CIP）数据

基坑支护/王云江等编.—北京：中国建筑工业出版社，
2013.5
工程施工、质量与监理简明实用手册
ISBN 978-7-112-15353-4

Ⅰ.①基… Ⅱ.①王… Ⅲ.①基坑—坑壁支撑—
手册 Ⅳ.①TU46-62

中国版本图书馆 CIP 数据核字（2013）第 078396 号

工程施工、质量与监理简明实用手册

基坑支护

王云江 马晓华 占 宏 朱怀甫 编

*

中国建筑工业出版社出版、发行（北京西郊百万庄）

各地新华书店、建筑书店经销

北京永峥印刷有限公司制版

北京市安泰印刷厂印刷

*

开本：787×1092 毫米 1/32 印张：4¼ 字数：96 千字
2013 年 8 月第一版 2013 年 8 月第一次印刷
定价：**15.00** 元
ISBN 978-7-112-15353-4
(23201)

《工程施工、质量与监理简明实用手册——基坑支护》重点介绍地下连续墙、锚杆、灌注桩、土钉、内支撑、高压喷射注浆（旋喷桩）、钢板桩与钢筋混凝土板桩、型钢水泥土搅拌桩以及水泥土搅拌桩等基坑支护施工技术及工程质量标准。

本手册可作为基坑支护施工、基坑支护质检、基坑支护施工管理、基坑支护监理等有关人员在施工现场指导之用，也可供大专院校师生参考学习。

*　　　*　　　*

责任编辑：王　磊　田启铭
责任设计：董建平
责任校对：张　颖　刘　钰

《工程施工、质量与监理简明实用手册》
编写委员会

《工程施工、质量与监理简明实用手册
——基坑支护》分编委会

4

前　言

为便于施工现场技术人员及时解决现场施工实际技术问题，应备有简明实用的小型工具书。为此，我们策划出版了一套《工程施工、质量与监理简明实用手册》丛书，包括以下分册：

建筑工程、安装工程、装饰工程、市政工程、园林工程、公路工程、基坑支护、垃圾填埋场、水利工程、楼宇智能、节能工程、城市轨道交通（地铁）。

《工程施工、质量与监理简明实用手册》是"口袋书"，手册中收集了施工、质量与监理施工现场工作中最常用的数据和资料。内容简明、实用、便于携带、随时查阅、使用方便、便于现场及时查阅有关资料，能够解决施工现场遇到的具体问题。

《工程施工、质量与监理简明实用手册——基坑支护》以国家现行基坑工程相关材料、施工与质量验收标准规范为基础，结合基坑支护施工现场实际情况编写。本手册共分为9章：第1章　地下连续墙，第2章　锚杆，第3章　灌注桩，第4章　土钉，第5章　内支撑，第6章　高压喷射注浆（旋喷桩），第7章　钢板桩与钢筋混凝土板桩，第8章　型钢水泥土搅拌桩，第9章　水泥土搅拌桩等内容，基本覆盖了基坑支护施工专业的主要应用领域。本手册的编写，旨在为广大基坑支护施工人员，也包括设计人员提供一本有关基坑支护施工各个方面的简明、实用、新颖、内容丰富、系统、齐全的参考工具书，以期增进知识积累，帮助解决一些现场施工实际技术问题。

本手册由王云江、马晓华、占宏、朱怀甫主编，参编人员有吕小荣、俞东潮、蒋峰、张威威、李晓华、王建东。

本手册既可作为资料齐全、查找方便的技术性工具书，又可作为实施规范的补充书籍使用。限于水平，本书难免有疏漏和不当之处，敬请广大读者不吝指正。

本手册在编写过程中得到了浙江绩丰岩土技术股份有限公司、鲲鹏建设集团有限公司、中国·金牛城建集团有限公司、杭州市路桥有限公司、杭州市园林绿化工程有限公司、龙晟建设有限公司、浙江东方工程管理有限公司的大力支持，在此表示感谢！

目　录

1 地下连续墙

1.1 基本规定

1.1.1 地下连续墙施工前应收集下列资料：

1. 施工现场的地形、地质、气象和水文资料。

2. 邻近建筑物和地下管线等相关资料。

3. 测量基线和水准点资料。

4. 防洪、防汛、防台风和环境保护的有关规定。

1.1.2 地下连续墙施工前应试成槽。

1.1.3 地下连续墙施工前应做好下列准备工作：

1. 遇有不良地质时，应做好探摸和处理工作。

2. 应复核测量基准线、水准基点，并在施工中做好复测及保护工作。

3. 应做好场地内的道路、供电、供水、排水、泥浆循环系统等设施。

4. 标明和清除槽段处的地下障碍物，做好施工场地平整工作。

5. 设备进场安装调试、检查验收工作。

1.1.4 地下连续墙施工应按有关标准、规范、设计文件和管理文件编制专项施工方案，审批通过后应逐级向有关人员进行技术交底。

1.1.5 原材料进场时，应具有产品合格证、出厂试验报告。

进场后，应按国家有关规定进行材料验收和抽检，其质量应合格方可使用。

1.1.6 成槽过程中，槽段边应根据槽壁稳定的要求控制施工荷载。

1.1.7 邻近水边的地下连续墙施工，应考虑地下水位变化对槽壁稳定的影响。

1.1.8 成槽设备应根据地下连续墙的厚度、深度、成槽宽度和地质条件等因素来选择。单元槽段宜采用跳幅的间隔施工顺序，挖槽分段不宜超过三抓。

成槽设备主要参数 表1.1.8

设备类型 主要参数	双轮铣槽机	抓斗挖槽机
适用地质条件	适用于几乎所有地质的地层，包括比较坚硬的岩层，但对含漂卵石地层存在一定的局限性	适用的地层比较广泛，除大块的漂卵石、基岩以外，一般的覆盖层均可
槽孔连接工艺	直接铣削无需配套	下设接头管配合使用
钻孔深度（m）	调整结构及配置挖深达80以上	最大挖深可达130
设备费用	很大	较大

1.1.9 地下连续墙施工与邻近建（构）筑物的水平距离不宜小于1.5m。

1.1.10 施工设备及吊具应按有关规定检查，合格后方可使用。

1.1.11 施工场地应做到水通、电通、道路畅通，施工场地应进行清理平整，保证施工机械行走的安全和平稳。

1.1.12 施工道路应满足施工承载力要求。施工道路需行走300t以上履带吊车时一般做法为100mm厚碎石垫层和

300mm 厚 C30 混凝土内配双层双向钢筋（一般配筋为上层 $\phi14@200$，下层 $\phi16@200$）。

1.2 导　　墙

1.2.1　成槽前应构筑导墙，其结构形式应根据地质条件和施工荷载等情况确定，宜为倒 L 形和〔形，应满足强度及稳定性的要求。

1.2.2　导墙背侧及下部遇有废弃的雨、污水等管道，导墙施工前应做封头处理，并用灰土分层夯实回填。

1.2.3　导墙应采用现浇混凝土结构，混凝土强度等级不应低于 C20，厚度不应小于 200mm。导墙应采用双向配筋，钢筋不应小于 $\phi12$（HRB 335），间距不应大于 200mm，导墙形式见图 1.2.3-1 和图 1.2.3-2。

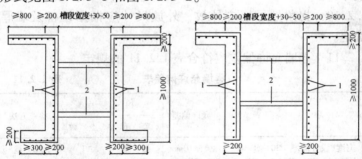

图 1.2.3-1　倒 L 形导墙配筋　　　图 1.2.3-2　〔形导墙配筋
　　　　构造图　　　　　　　　　　　　构造图

1—双向配筋；2—加撑　　　　　　1—双向配筋；2—加撑

1.2.4　导墙顶面宜高出地面 100mm，且应高于地下水位 0.5m 以上。

1.2.5 导墙内侧墙面应垂直，导墙净距应比地下连续墙设计厚度加宽 30～50mm。

1.2.6 导墙底面应进入原状土 200mm 以上，且导墙高度不应小于 1.2m；导墙外侧应用黏性土填实；导墙混凝土应对称浇筑，强度达到 70% 后方可拆模，拆模后导墙应加设对撑，直至槽段开挖时拆除。支撑水平间距宜为 1.5～2m，上下各一道。

1.2.7 遇暗浜、杂填土等不良地质时，宜进行土体加固或采用深导墙。加固方法宜采用三轴水泥土搅拌桩，水泥一般采用 P.O.42.5 级普通硅酸盐水泥，水泥掺入比不应小于 20%。

1.2.8 成槽机作业一侧的导墙主筋应与路面钢筋连接。

1.2.9 导墙养护期间，重型机械设备不宜在导墙附近作业或停留。

1.2.10 拐角处导墙应外放，外放尺寸应根据设备及墙厚确定。

1.2.11 导墙允许偏差应符合表 1.2.11 的规定。

导墙允许偏差表　　　　表 1.2.11

项　　目	允许偏差	检查频率		检查方法
		范　围	点　数	
宽度(设计墙厚＋30～50mm)	＜±10mm	每　幅	1	尺　量
垂　直　度	＜H/500	每　幅	1	线　锤
墙面平整度	≤5mm	每　幅	1	尺　量
导墙平面位置	＜±10mm	每　幅	1	尺　量
导墙顶面标高	±20mm	每　幅	1	水准仪

注：H 表示导墙的深度。

4

1.3 泥　　浆

1.3.1　泥浆制备

1. 泥浆拌制材料应选用膨润土或高分子聚合物材料，现场应设置泥浆池或泥浆箱。

2. 泥浆的储备量宜为每日计划最大成槽方量的 2 倍以上。

3. 泥浆配合比应按土层情况试配确定，一般泥浆的配合比可根据表 1.3.1 选用。遇土层极松散、颗粒粒径较大、含盐或受化学污染时，应配制专用泥浆。

泥浆配合比 表 1.3.1

土层类型	膨润土（%）	增黏剂 CMC（%）	纯碱 Na_2CO_3（%）
黏性土	8 ~ 10	0 ~ 0.02	0 ~ 0.5
砂性土	10 ~ 12	0 ~ 0.05	0 ~ 0.5

4. 新拌制的泥浆应贮存 24h 以上，使膨润土充分水化后方可使用。

5. 施工中循环泥浆应进行沉淀或除砂处理等再生处理手段，符合要求后方可使用。

1.3.2　质量控制

1. 新拌制泥浆的性能指标应符合表 1.3.2-1 的要求。泥浆相对密度为 1.03 ~ 1.1 是较为合理的区间。

2. 循环泥浆的性能指标应符合表 1.3.2-2 的要求。

新拌制泥浆的性能指标　　　　表 1.3.2-1

项次	项　　目		性能指标	检验方法
1	相对密度		1.03 ~ 1.10	泥浆相对密度秤
2	黏度	黏性土	19 ~ 25s	500mL/700mL 漏斗法
		砂性土	30 ~ 35s	
3	胶体率		>98%	量筒法
4	失水量		<30mL/30min	失水量仪
5	泥皮厚度		<1mm	失水量仪
6	pH		8 ~ 9	pH 试纸

循环泥浆的性能指标　　　　表 1.3.2-2

项次	项　　目		性能指标	检验方法
1	相对密度		1.05 ~ 1.20	泥浆相对密度秤
2	黏度	黏性土	19 ~ 30s	500mL/700mL 漏斗法
		砂性土	30 ~ 40s	
3	胶体率		>98%	量筒法
4	失水量		<30mL/30min	失水量仪
5	泥皮厚度		<1 ~ 3mm	失水量仪
6	pH		8 ~ 10	pH 试纸
7	含砂率	黏性土	<4%	洗砂瓶
		砂性土	<7%	

1.4　成　　槽

1.4.1　槽段的划分和开挖

1. 单元槽段应综合考虑地质条件、结构要求、周围环境、机械设备、施工条件等因素进行划分。单元槽段长度宜为 4~6m。槽段宽度模数采用 0.6m、0.8m、1.0m、1.2m。

2. 成槽前应进行槽壁稳定性验算。

3. 成槽宜采用液压抓斗式。成槽深度进入粉砂层（标贯击数 N 大于 50 击）的宜采用抓铣结合或钻抓结合的方法成槽。

4. 槽内泥浆面不应低于导墙面 0.3m，同时槽内泥浆面应高于地下水位 0.5m 以上。

5. 成槽机应具备垂直度显示仪表和纠偏装置，成槽过程中应及时纠偏。

6. 单元槽段成槽过程中抽检泥浆指标不应少于 2 处，且每处不少于 3 次。

7. 成槽后应检查泥浆指标、槽位、槽深、槽宽及槽壁垂直度等。

8. 位于暗浜区、扰动土区、浅部砂性土中的槽段或邻近建筑物保护要求较高时，宜采用三轴水泥土搅拌桩对槽壁进行加固。

9. 成槽施工时，异形槽段（L 形、T 形、多边形等）应在相邻槽段浇筑完成后进行。

10. 异型槽段成槽时应保证槽壁前后、左右的垂直度均满足设计要求，必要时应调整幅宽。

1.4.2 刷壁与清基

1. 成槽后，应对相邻段混凝土的端面进行清刷，刷壁应到底部，刷壁次数不得少于 20 次，且刷壁器上无泥。

2. 刷壁完成后应进行清基和泥浆置换。

3. 清基宜采用泵吸法，使槽底沉渣及泥浆指标满足要求为止。

1.4.3 质量控制

1. 地下连续墙成槽允许偏差应符合表1.4.3-1的规定。

地下连续墙成槽允许偏差　　　　表1.4.3-1

序号	项　目		测试方法	允许偏差
1	深度	临时结构	测绳2点/幅	0～100mm
		永久结构		0～100mm
2	槽位	临时结构	钢尺1点/幅	0～50mm
		永久结构		0～30mm
3	墙厚	临时结构	20%超声波2点/幅	0～50mm
		永久结构	100%超声波2点/幅	0～50mm
4	垂直度	临时结构	20%超声波2点/幅	≤1/200
		永久结构	100%超声波2点/幅	≤1/300
5	沉渣厚度	临时结构	100%测绳2点/幅	≤200mm
		永久结构		≤100mm

2. 清基后应对槽段泥浆进行检测，每幅槽段检测2处。取样点距离槽底0.5～1.0m，泥浆指标应符合表1.4.3-2的规定。

清基后的泥浆指标　　　　表1.4.3-2

项　目		清基后泥浆	检验方法
比　重	黏性土	≤1.15	比重计
	砂性土	≤1.20	
黏　度（s）		20～30	漏斗计
含砂率（%）		≤7	洗砂瓶

1.5 接 头

1.5.1 接头施工

1. 地下连续墙圆形接头应采用接头管。

2. 接头管（箱）施工应符合下列规定：

1）接头管（箱）及连接件应具有足够的强度和刚度；

2）接头管（箱）进场后在首次使用前，应在现场进行组装试验；

3）接头管（箱）应露出导墙顶 1.5～2.0m 以上；

4）接头管（箱）的吊装应垂直缓慢下放，严格控制垂直度；

5）接头管（箱）背后应填实；

6）接头管（箱）在混凝土灌注初凝后开始提升，每30min 提升一次，每次 50～100mm，应在混凝土终凝前全部拔出；

7）接头管（箱）起拔应垂直、匀速、缓慢、连续，不应损坏接头处的混凝土；

8）接头管（箱）起拔后应及时清洗干净。

3. 十字钢板接头，在施工中应配置整体式或两片独立式接头箱，下端应插入槽底，上端宜高出地下连续墙泛浆高度，同时应制定有效的防混凝土绕流措施。

4. 工字钢接头，在施工中应配置接头管（箱），下端应插入槽底，上端宜高出地下连续墙泛浆高度，同时应制定有效的防混凝土绕流措施。

5. 预制混凝土接头施工应符合下列规定：

1）预制接头吊装的吊点位置及数量应根据计算确定，

应分节依次吊放；

2）预制接头吊放应注意迎土面和迎坑面，严禁反放；

3）预制接头应达到设计强度的100%后运输及吊放；

4）先放预制接头，再吊放钢筋笼。

6. 铣接头施工应符合下列规定：

1）后续槽段开挖时，应将套铣部分混凝土铣削干净，套铣部分不宜小于200mm；

2）导向插板应在混凝土浇筑前放置于预定位置，插板长度宜为5~6m；

3）套铣一期槽段钢筋笼应设置限位块，限位块设置在钢筋笼两侧，宜采用PVC管，限位块长度宜为300~500mm，竖向间距为3~5m。

1.5.2 质量控制

1. 十字钢板接头和工字钢接头顶部偏差应小于20mm。

2. 预制接头平整度应小于5mm，挠度应小于20mm，无裂缝和露筋现象，上下节端头应平整无缝隙。

3. 圆形接头的接头管安装垂直度不应大于1/200。

1.6 钢 筋 笼

1.6.1 钢筋笼的制作

1. 钢筋笼制作平台应采用型钢制作，平整坚实，排水畅通。在平台上应根据设计的钢筋间距、插筋、预埋件及钢筋接驳器的位置，画出控制标记。

2. 钢筋笼加工场地和制作平台应平整，分节制作的钢筋笼在同胎制作时应试拼装，采用焊接或机械连接，主筋接头搭接长度应满足设计要求，搭接位置应错开50%。HRB级

及 $\phi25$ 以上的 HPB 级钢筋应采用机械连接。

3. 钢筋笼内应预留纵向混凝土灌注导管位置，并上下贯通。

4. 钢筋笼应设置桁架、剪刀撑等加强整体刚度构造钢筋。

5. 钢筋笼起吊桁架应根据钢筋笼起吊过程中的刚度及整体稳定性的计算结果确定。

6. 钢筋笼主筋交点应 50% 并应均匀分布点焊，主筋与桁架及吊点处应 100% 点焊。

7. 钢筋笼应设保护层垫板，纵向间距为 3～5m，横向设置 2～3 块；定位垫板宜采用 4～6mm 厚钢板制作成～形，与主筋焊接。主筋保护层厚度迎土面为 70mm，迎坑面通常为 50mm。

8. 预埋件应与主筋连接牢固，钢筋接驳器外露处应包扎严密。

9. 工字钢接头焊接时，水平钢筋与工字钢应采用 $5d$ 双面跳焊搭接。

10. 十字钢板接头焊接时，水平钢筋与十字钢板应采用双面焊，焊接长度不应小于 50mm。

1.6.2 钢筋笼的吊装

1. 吊车的选用应满足吊装高度及起重量的要求，主吊和副吊应根据计算确定。

2. 钢筋笼吊点布置应根据吊装工艺和计算确定，并应进行钢筋笼整体起吊的刚度等安全验算，按计算结果配置吊具、吊点加固钢筋和吊筋等。吊筋长度应根据实测导墙标高确定。

3. 钢筋笼起吊前应检查吊车回转半径 600mm 内无障碍

物，并进行试吊。

4. 钢筋笼吊放时应对准槽段中心线缓慢沉入，不得强行入槽。

5. 钢筋笼的迎土面及迎坑面朝向应正确放置，严禁反放。

6. 钢筋笼应在清基后及时吊放。

7. 异形槽段钢筋笼起吊前应对转角处进行加强处理，并随入槽过程逐渐割除。

1.6.3 质量控制

1. 钢筋制作平台的平整度应控制在 20mm 以内。

2. 钢筋笼制作允许偏差应符合表 1.6.3 的规定。

3. 钢筋笼安装误差小于 20mm。

<table>
<tr><td colspan="5" style="text-align:center">钢筋笼制作允许偏差   表 1.6.3</td></tr>
<tr><td>项　　　　目</td><td>允许偏差
（mm）</td><td>检 查 方 法</td><td>检查
范围</td><td>检查
频率</td></tr>
<tr><td>钢筋笼长度</td><td>±100</td><td rowspan="4" style="text-align:center">钢尺量，每片钢筋
网检查上中下三处</td><td rowspan="9" style="text-align:center">每
幅
钢
筋
笼</td><td>3</td></tr>
<tr><td>钢筋笼宽度</td><td>0，－20</td><td>3</td></tr>
<tr><td>钢筋笼保护层厚度</td><td>0，＋10</td><td>3</td></tr>
<tr><td>钢筋笼安装深度</td><td>＋50</td><td>3</td></tr>
<tr><td>主筋间距</td><td>±10</td><td rowspan="2" style="text-align:center">任取一断面，连续
量取间距，取平均值
作为一点，每片钢筋
网上测四点</td><td rowspan="2">4</td></tr>
<tr><td>分布筋间距</td><td>±20</td></tr>
<tr><td>预埋件中心位置</td><td>±10</td><td style="text-align:center">钢　尺</td><td>20%</td></tr>
<tr><td>预埋钢筋和接驳器
中心位置</td><td>±10</td><td style="text-align:center">钢　尺</td><td>20%</td></tr>
</table>

12

1.7 混 凝 土

1.7.1 水下混凝土配置

1. 水下混凝土应具备良好的和易性，初凝时间应满足浇筑要求，现场混凝土坍落度宜为 200±20mm。

2. 水下混凝土配制强度等级应先进行试验，然后参照表 1.7.1 确定。

混凝土设计强度等级对照表　　　表 1.7.1

混凝土设计强度等级	C25	C30	C35	C40	C45	C50
水下混凝土配制强度等级	C30	C35	C40	C50	C55	C60

1.7.2 水下混凝土浇筑

1. 导管宜采用直径为 200～300mm 的多节钢管，管节连接应密封、牢固，施工前应试拼并进行水密性试验。

2. 导管水平布置距离不应大于 3m，距槽段两侧端部不应大于 1.5m。导管下端距离槽底宜为 300～500mm。导管内应放置隔水栓。

3. 浇筑水下混凝土应符合下列规定：

1）钢筋笼吊放就位后应及时灌注混凝土，间隔不宜超过 4h；

2）混凝土初灌后，混凝土中导管埋深应大于 500mm；

3）混凝土浇筑应均匀连续，间隔时间不宜超过 30min；

4）槽内混凝土面上升速度不宜小于 3m/h，同时不宜大于 5m/h；导管埋入混凝土深度应为 2～4m，相邻两导管间混凝土高差应小于 0.5m；

5）混凝土浇筑面宜高出设计标高 300～500mm，凿去浮浆后的墙顶标高和墙体混凝土强度应满足设计要求；

6）每根导管分担的浇筑面积应基本均等。

4. 墙顶落低 3m 以上的地下连续墙，墙顶设计标高以上宜采用低强度等级混凝土或水泥砂浆隔幅填充，其余槽段采用砂土填实。

5. 浇筑混凝土的充盈系数应为 1.0～1.2。

1.7.3 墙底注浆

1. 墙底注浆应在墙体混凝土达到设计强度后方可进行。

2. 注浆管应采用钢管，单幅槽段注浆管数量不应少于 2 根，注浆管与钢筋笼应固定牢靠。注浆管下段应伸至槽底 200～500mm。

3. 注浆器应采用单向阀，应能承受大于 1MPa 的静水压力。

4. 注浆量应符合设计要求，注浆压力应控制在 0.2～0.4MPa 之间。

5. 地下连续墙混凝土初凝后终凝前应用高压水疏通压浆管路。

6. 注浆液应采用 P.O.42.5 级水泥配置；水灰比宜为 0.5～0.6；浆液应过滤，滤网网眼应小于 40μm。

7. 满足下列条件之一可终止注浆：

1）注浆总量达到设计要求；

2）注浆量达 80% 以上，且压力达到 2MPa。

8. 质量控制

1）混凝土坍落度检验每幅槽段不应少于 3 次；抗压强度试件每一槽段不应少于一组，且每 100m³ 混凝土不应少于一组；永久地下连续墙每 5 个槽段应做抗渗试件一组。

14

2）混凝土抗压强度和抗渗压力应符合设计要求，墙面应无露筋和夹泥现象。

3）地下连续墙各部位允许偏差应符合表 1.7.3 的规定：

地下连续墙各部位允许偏差值　　　表 1.7.3

项　　　目	允　许　偏　差	
	临　时　结　构	永　久　结　构
平面位置	±30mm	+30mm 0
平整度	50mm	50mm
垂直度	1/200	1/300
预留孔洞	30mm	30mm
预埋件	30mm	30mm
预埋连接钢筋	30mm	30mm

4）永久地下连续墙经防水处理后不应有渗漏、线流，平均渗水量应小于 0.1L/（m^2·d）。

5）永久地下连续墙混凝土的密实度宜采用超声波检查，总抽取比例为 20%；需要时采用钻孔抽芯检查强度。

2 锚 杆

2.1 现场监控量测

2.1.1 一般规定

1. 实施现场监控量测的工程应按表 2.1.1 确定，并应将监控量测项目列入锚喷支护设计文件。

隧洞进行现场监控量测的选定表 表 2.1.1

围岩分级 \ 跨度 B（m）	$B \leqslant 5$	$5 < B \leqslant 10$	$10 < B \leqslant 15$	$15 < B \leqslant 20$	$20 < B \leqslant 25$
I	—	—	—	△	√
II	—	—	△	√	√
III	—	—	√	√	√
IV	—	√	√	√	√
V	√	√	√	√	√

注：“√”者为应进行现场监控量测的隧洞。

　　“△”者为选择局部地段进行量测的隧洞。

2. 现场监控量测的设计文件应根据隧洞的地质状况、支护类型及参数、工程环境、施工方法和其他有关条件制定。其内容应包括：量测项目及方法、量测仪器及设备、测点布置、量测程序、量测频率、数据处理及信息反馈方法。

3. 现场监控量测宜由施工单位负责组织实施。根据设计文件的要求负责测点埋设，日常量测和数据处理工作，并及时进行信息反馈。

2.1.2 现场监控量测的内容与方法

1. 实施现场监控量测的隧洞必须进行地质和支护状况观察、周边位移和拱顶下沉量测。对于具有特殊性质和要求的隧洞尚应进行围岩内部位移和松动区范围、围岩压力及两层支护间接触应力、钢架结构受力、支护结构内力及锚杆内力等项目量测。

2. 隧洞开挖后应立即进行围岩状况的观察和记录，并进行工程地质特征的描述。支护完成后应进行喷层表面观察和记录。

3. 现场监控量测的隧洞，若位于城市道路之下或邻近建筑物基础或开挖对地表有较大影响时，必须进行地表下沉量测及爆破震动影响监测。

4. 各类量测点应安设在距开挖面 1m 范围之内，并应在工作面开挖后 12h 内和下一次开挖之前测取初读数。

5. 每一项的量测间隔时间应根据该项目量测数据的稳定程度进行确定和调整。对于进行长期观察的隧洞，其后期量测间隔时间可根据工程的性质和要求确定。

6. 各类量测仪器和工具的性能应准确可靠、长期稳定、保证精度和易于掌握。

2.1.3 现场监控量测的数据处理与反馈

1. 现场监控量测的各类数据均应及时绘制成时态曲线（例如位移时间曲线）。应注明施工工序和开挖面距量测断面的距离。

2. 当位移时态曲线的曲率趋于平缓时，应对数据进行回归分析或其他数学方法分析，以推算最终位移值，确定位移变化规律。

3. 隧洞周边的实测位移相对值或用回归分析推算的最终位移值均应小于表 2.1.3 所列数据值。当位移速度无明显下降，而此时实测位移相对值已接近表 2.1.3 中规定的数值，同时支护混凝土表面已出现明显裂缝；或者实测位移速度出现急剧增长时，必须立即采取补强措施，并改变施工程序或设计参数，必要时应立即停止开挖，进行施工处理。

隧洞周边允许位移相对值（％） 表 2.1.3

埋深（m）围岩级别	<50	50～300	>300
Ⅲ	0.10～0.30	0.20～0.50	0.40～1.20
Ⅳ	0.15～0.50	0.40～1.20	0.80～2.00
Ⅴ	0.20～0.80	0.60～1.60	1.00～3.00

注：1）周边位移相对值系指两测点间实测位移累计值与两测点间距离之比。两测点间位移值也称收敛值。

2）脆性围岩取表中较小值，塑性围岩取表中较大值。

3）本表适用于高跨比 0.8～1.2 的下列地下工程：

Ⅲ级围岩跨度不大于 20m；

Ⅳ级围岩跨度不大于 15m；

Ⅴ级围岩跨度不大于 10m。

4）Ⅰ、Ⅱ级围岩中进行量测的地下工程，以及Ⅲ、Ⅳ、Ⅴ级围岩中在表注 2.1.3 范围之外的地下工程应根据实测数据的综合分析或工程类比方法确定允许值。

4. 经现场地质观察评定，认为在较大范围内围岩稳定性较好，同时实测位移值远小于预计值而且稳定速度快，此时，可适当减小支护参数。

5. 采用两次支护的地下工程，后期支护的施作，应在同时达到下列三项标准时进行：

1）隧道周边水平收敛速度小于 0.2mm/d；拱顶或底板垂直位移速度小于 0.1mm/d；

2）隧洞周边水平收敛速度，以及拱顶或底板垂直位移速度明显下降；

3）隧洞位移相对值已达到总相对位移量的 90% 以上。

6. 隧洞稳定的判据是后期支护施作后位移速度趋近于零，支护结构的外力和内力的变化速度也应趋近于零。

2.2 锚 杆 施 工

2.2.1 一般规定

1. 锚杆孔的施工应遵守下列规定：

1）钻锚杆孔前，应根据设计要求和围岩情况，定出孔位，做出标记；

2）锚杆孔距的允许偏差为 150mm，预应力锚杆孔距的允许偏差为 200mm；

3）预应力锚杆的钻孔轴线与设计轴线的偏差不应大于 3%，其他锚杆的钻孔轴线应符合设计要求；

4）锚杆孔深应符合下列要求：

（1）水泥砂浆锚杆孔深允许偏差宜为 50mm；

（2）树脂锚杆和快硬水泥卷锚杆的孔深不应小于杆体有效长度，且不应大于杆体有效长度 30mm；

（3）摩擦型锚杆孔深应比杆体长 10～50mm。

5）锚杆孔径应符合下列要求：

（1）水泥砂浆锚杆孔径应大于杆体直径 15mm；

（2）树脂锚杆和快硬水泥卷锚杆孔径宜为 42～50mm，小直径锚杆孔直径宜为 28～32mm；

（3）水胀式锚杆孔直径宜为 42～45mm；

（4）其他锚杆的孔径应符合设计要求。

2. 锚杆安装前应做好下列检查工作：

1）锚杆原材料型号、规格、品种，以及锚杆各部件质量和技术性能应符合设计要求；

2）锚杆孔位、孔径、孔深及布置形式应符合设计要求；

3）孔内积水和岩粉应吹洗干净。

3. 在Ⅳ、Ⅴ级围岩及特殊地质围岩中开挖隧洞，应先喷混凝土，再安装锚杆，并应在锚杆孔钻完后及时安装锚杆杆体。

4. 锚杆尾端的托板应紧贴壁面，未接触部位必须楔紧。锚杆杆体露出岩面的长度不应大于喷射混凝土的厚度。

5. 对于不稳定的岩质边坡，应随边坡自上而下分阶段边开挖、边安设锚杆。

在《建筑基坑支护技术规程》JGJ 120—99 中同时规定：

1. 锚杆钻孔水平方向孔距在垂直方向误差不宜大于100mm，偏斜度不应大于3%。

2. 注浆管宜与锚杆杆体绑扎在一起，一次注浆管距孔底宜为 100～200mm，二次注浆管的出浆孔应进行可灌密封处理。

3. 浆体应按设计配制，一次灌浆宜选用灰砂比 1:1～1:2、水灰比 0.38～0.45 的水泥砂浆，或水灰比 0.45～0.5 的水泥浆，二次高压注浆宜使用水灰比 0.45～0.55 的水泥浆。

4. 二次高压注浆压力宜控制在 2.5～5.0MPa 之间，注浆时间可根据注浆工艺试验确定或一次注浆锚固体强度达到 5MPa 后进行。

5. 锚杆的张拉与施加预应力（锁定）应符合以下规定：

1）锚固段强度大于 15MPa 并达到设计强度等级的 75% 后方可进行张拉；

2）锚杆张拉顺序应考虑对邻近锚杆的影响；

3）锚杆宜张拉至设计荷载的 0.9～1.0 倍后，再按设计要求锁定；

4）锚杆张拉控制应力不应超过锚杆杆体强度标准值的 0.75 倍。

2.2.2 全长黏结型锚杆施工

1. 水泥砂浆锚杆的原材料及砂浆配合比应符合下列要求：

1）锚杆杆体使用前应平直、除锈、除油；

2）宜采用中细砂，粒径不应大于 2.5mm，使用前应过筛；

3）砂浆配合比：水泥比砂宜为 1:1～1:2（重量比），水灰比宜为 0.38～0.45。砂浆应拌和均匀，随拌随用。一次拌和的砂浆应在初凝前用完，并严防石块、杂物混入。

2. 注浆作业应遵守下列规定：

1）注浆开始或中途停止超过 30min 时，应用水或稀水泥浆润滑注浆罐及其管路；

2）注浆时，注浆管应插至距孔底 50～100mm，随砂浆的注入缓慢匀速拔出；杆体插入后，若孔口无砂浆溢出，应及时补注。

3. 杆体插入孔内长度不应小于设计规定的 95%。锚杆安装后，不得随意敲击。

2.2.3 端头锚固型锚杆施工

1. 树脂锚杆的树脂卷贮存和使用应遵守下列规定：

1）树脂卷宜存放在阴凉、干燥和温度在 5～25℃ 的防火仓库中；

2）树脂卷应在规定的贮存期内使用；使用前，应检查树脂卷质量，变质者，不得使用；超过使用期者，应通过试验，合格后方可使用。

2. 树脂锚杆的安装应遵守下列规定：

1）锚杆安装前，施工人员应先用杆体量测孔深，做出标记，然后用锚杆杆体将卷体送至孔底；

2）搅拌树脂时，应缓慢推进锚杆杆体；

3）树脂搅拌完毕后，应立即在孔口处将锚杆杆体临时固定；

4）安装托板应在搅拌完毕 15min 后进行，当现场温度低于 5℃时，安装托板的时间可适当延长。

3. 快硬水泥卷的贮存应严防受潮，不得使用受潮结块的水泥卷。

4. 快硬水泥卷锚杆的安装除应遵守本规范第 3.3.2 条的规定外，尚应符合下列要求：

1）水泥卷浸水后，应立即用锚杆杆体送至孔底，并在水泥初凝前，将杆体送入，搅拌完毕；

2）连续搅拌水泥卷的时间宜为 30~60s；

3）安装托板和紧固螺帽必须在水泥石的强度达到 10MPa 后进行。

5. 安装端头锚固型锚杆的托板时，螺帽的拧紧扭矩不应小于 100N·m。托板安装后，应定期检查其紧固情况，如有松动，及时处理。

2.2.4 摩擦型锚杆施工

1. 缝管锚杆、楔管锚杆和水胀锚杆钻孔前，应检查钻头规格，确保孔径符合设计要求。

2. 缝管锚杆的安装应遵守下列规定：

1）向钻孔内推入锚杆杆体，可使用风动凿岩机和专用连接器；

2）凿岩机的工作风压不应小于 0.4MPa；

3）锚杆杆体被推进过程中，应使凿岩机、锚杆杆体和钻孔中心线在同一轴线上；

4）锚杆杆体应全部推入钻孔。当托板抵紧壁面时，应立即停止推压。

3. 楔管锚杆的安装还应符合下列要求：

1）安装顶锚下楔块时，伸入圆管段内之钢钎直径不应大于 26mm；

2）下楔块应推至要求部位，并与上楔块完全楔紧。

4. 水胀锚杆安装应遵守下列规定：

1）锚杆应轻拿轻放，严禁损伤锚杆末端的注液嘴；

2）安装锚杆前，对安装系统进行全面检查，确保其良好的状态；

3）高压泵试运转，压力宜为 15～30MPa；

4）锚杆送入钻孔中，应使托板与岩面紧贴。

2.2.5 预应力锚杆施工

1. 锚杆体的制作应遵守下列规定：

1）预应力筋表面不应有污物、铁锈或其他有害物质，并严格按设计尺寸下料；

2）锚杆体在安装前应妥善保护，以免腐蚀和机械损伤；

3）杆体制作时，应按设计规定安放套管隔离架、波形管、承载体、注浆管和排气管。杆体内的绑扎材料不宜采用镀锌材料。

2. 钻孔应符合下列规定：

1）钻孔的孔深、孔径均应符合设计要求。钻孔深度不宜比规定值大 200mm 以上。钻头直径不应比规定的钻孔直径小 3.0mm 以上；

2）钻孔与锚杆预定方位的允许角偏差为 1°～3°。

3. 孔口承压垫座应符合下列要求：

1）钻孔孔口必须设有平整、牢固的承压垫座；

2）承压垫座的几何尺寸、结构强度必须满足设计要求，承压面应与锚孔轴线垂直。

4. 锚杆的安装与灌浆应遵守下列规定：

1）预应力锚杆体在运输及安装过程中应防止明显的弯曲、扭转，并不得破坏隔离架防腐套管、注浆管、排气导管及其他附件；

2）锚杆体放入锚孔前应清除钻孔内的石屑与岩粉；检查注浆管、排气管是否畅通，止浆器是否完好；

3）灌浆料可采用水灰比为 0.45～0.50 的纯水泥浆，也可采用灰砂比为 1:1、水灰比为 0.45～0.50 的水泥砂浆；

4）当使用自由段带套管的预应力筋时，宜在锚固段长度和自由段长度内采取同步灌注；

5）当采用自由段无套管的预应力筋时，应进行两次灌浆。第一次灌浆时，必须保证锚固段长度内灌满，但浆液不得流入自由段。预应力筋张拉锚固后，应对自由段进行第二次灌浆；

6）永久性预应力锚杆应采用封孔灌浆，应用浆体灌满自由段长度顶部的孔隙；

7）灌浆后，浆体强度未达到设计要求前，预应力筋不得受扰动。

5. 锚杆张拉与锁定应遵守下列规定：

1）预应力筋张拉前，应对张拉设备进行检定；

2）预应力筋张拉应按规定程序进行，在编排张拉程序时，应考虑相邻钻孔预应力筋张拉的相互影响；

3）预应力筋正式张拉前，应取 20% 的设计张拉荷载，对其预张拉 1～2 次，使其各部位接触紧密，钢丝或钢绞线完全平直；

4）压力分散型或拉力分散型锚杆应按张拉设计要求先分别对单元锚杆进行张拉，当各单元锚杆在同等荷载条件下因自由段长度不等而引起的弹性伸长差得以补偿后，再同时张拉各单元锚杆；

5）预应力筋正式张拉时，应张拉至设计荷载的 105%～110%，再按规定值进行锁定；

6）预应力筋锁定后 48h 内，若发现预应力损失大于锚杆拉力设计值的 10% 时，应进行补偿张拉。

6. 灌浆材料达到设计强度时，方可切除外露的预应力筋，切口位置至外锚具的距离不应小于 100mm。

7. 在软弱破碎和渗水量大的围岩中施作永久性预应力锚杆，施工前应根据需要对围岩进行固结灌浆处理。

2.2.6 预应力锚杆的试验和监测

1. 预应力锚杆的基本试验应遵守下列规定：

1）基本试验锚杆数量不得少于 3 根；

2）基本试验所用的锚杆结构、施工工艺及所处的工程地质条件应与实际工程所用的相同；

3）基本试验所用的试验荷载不宜超过锚杆体承载力标准值的 0.9 倍；

4）基本试验应采用分级循环加、卸荷载法。拉力型锚杆的起始荷载可为计划最大试验荷载的 10%，压力分散型或拉力分散型锚杆的起始荷载可为计划最大试验荷载的 20%；

5）锚杆破坏标准：

（1）后一级荷载产生的锚头位移增量达到或超过前一级荷载产生位移增量的 2 倍时；

（2）锚头位移不稳定；

（3）锚杆杆体拉断。

6）试验结果宜按循环荷载与对应的锚头位移读数列表整理，并绘制锚杆荷载-位移（Q-s）曲线，锚杆荷载-弹性位移（Q-se）曲线和锚杆荷载-塑性位移（Q-sp）曲线；

7）锚杆弹性变形不应小于自由段长度变形计算值的 80%，且不应大于自由段长度与 1/2 锚固段长度之和的弹性变形计算值；

8）锚杆极限承载力取破坏荷载的前一级荷载，在最大试验荷载下未达到规定的破坏标准时，锚杆极限承载力取最大试验荷载值。

2. 预应力锚杆的验收试验应遵守下列规定：

1）验收试验锚杆数量不少于锚杆总数的 5%，且不得少于 3 根；

2）验收试验应分级加荷，起始荷载宜为锚杆拉力设计值的 30%，分级加荷值分别为拉力设计值的 0.5、0.75、1.0、1.2、1.33 和 1.5 倍，但最大试验荷载不能大于杆体承载力标准值的 0.8 倍；

3）验收试验中，当荷载每增加一级，均应稳定 5 ~ 10min，记录位移读数。最后一级试验荷载应维持 10min。如果在 1 ~ 10min 内，位移量超过 1.0mm，则该级荷载应再维持 50min，并在 15、20、25、30、45 和 60min 时记录其位移量；

4）验收试验中，从 50% 拉力设计值到最大试验荷载之间所测得的总位移量，应当小于该荷载范围自由段长度预应力筋理论弹性伸长值的 80%，且小于自由段长度与 1/2 锚固段长度之和的预应力筋的理论弹性伸长值；

　　5）最后一级荷载作用下的位移观测期内，锚头位移稳定或 2h 蠕变量不大于 2.0mm。

　　3. 长期监测应符合下列要求：

　　1）永久性预应力锚杆及用于重要工程的临时性预应力锚杆，应对其预应力变化进行长期监测；

　　2）永久性预应力锚杆的监测数量不应少于锚杆数量的 10%。临时性预应力锚杆的监测数量不应少于锚杆数量的 5%；

　　3）预应力变化值不宜大于锚杆拉力设计值的 10%，必要时可采取重复张拉或适当放松的措施以控制预应力值的变化。

2.2.7　自钻式锚杆的施工

　　1. 自钻式锚杆安装前，应检查锚杆体中孔和钻头的水孔是否畅通，若有异物堵塞，应及时清理。

　　2. 锚杆体钻进至设计深度后，应用水和空气洗孔，直至孔口返水或返气，方可将钻机和连接套卸下，并及时安装垫板及螺母，临时固定杆体。

　　3. 锚杆灌浆材料宜采用纯水泥浆或 1:1 水泥砂浆，水灰比宜为 0.4～0.5。采用水泥砂浆时，砂子粒径不应大于 1.0mm。

　　4. 灌浆材料应由杆体中孔灌入，水泥浆体强度达 5.0MPa 后，可上紧螺母。

2.3　喷射混凝土施工

2.3.1　原材料

　　1. 应优先选用硅酸盐水泥或普通硅酸盐水泥，也可选用矿渣硅酸盐水泥或火山灰质硅酸盐水泥，必要时，采用特种水泥。水泥强度等级不应低于32.5MPa。

2. 应采用坚硬耐久的中砂或粗砂，细度模数宜大于2.5。干法喷射时，砂的含水率宜控制在5%～7%；当采用防粘料喷射机时，砂含水率可为7%～10%。

3. 应采用坚硬耐久的卵石或碎石，粒径不宜大于15mm；当使用碱性速凝剂时，不得使用含有活性二氧化硅的石材。

4. 喷射混凝土用的骨料级配宜控制在表2.3.1所给的范围内。

喷射混凝土骨料通过各筛径的累计重量百分数（%）

表2.3.1

骨料粒径（mm） 项目	0.15	0.30	0.60	1.20	2.50	5.00	10.00	15.00
优	5～7	10～15	17～22	23～31	34～43	50～60	78～82	100
良	4～8	5～22	13～31	18～41	26～54	40～70	62～90	100

5. 应采用符合质量要求的外加剂，掺外加剂后的喷射混凝土性能必须满足设计要求。在使用速凝剂前，应做与水泥的相容性试验及水泥净浆凝结效果试验，初凝不应大于5min，终凝不应大于10min；在采用其他类型的外加剂或几种外加剂复合使用时，也应做相应的性能试验和使用效果试验。

6. 当工程需要采用外掺料时，掺量应通过试验确定，加外掺料后的喷射混凝土性能必须满足设计要求。

7. 混合水中不应含有影响水泥正常凝结与硬化的有害杂

28

质，不得使用污水及 pH 小于 4 的酸性水和含硫酸盐量按 SO_4^{2-} 计算超过混合用水重量 1% 的水。

2.3.2 施工机具

1. 干法喷射混凝土机的性能应符合下列要求：

1) 密封性能良好，输料连续均匀；

2) 生产能力（混合料）为 $3 \sim 5 m^3/h$；允许输送的骨料最大粒径为 25mm；

3) 输送距离（混合料），水平不小于 100m，垂直不小于 30m。

2. 湿法喷射混凝土机的性能应符合下列要求：

1) 密封性能良好，输料连续均匀；

2) 生产率大于 $5 m^3/h$，允许骨料最大粒径为 15mm；

3) 混凝土输料距离，水平不小于 30m，垂直不小于 20m；

4) 机旁粉尘小于 $10 mg/m^3$。

3. 选用的空压机应满足喷射机工作风压和耗风量的要求；当工程需要选用单台空压机工作时，其排风量不应小于 $9 m^3/min$；压风进入喷射机前，必须进行油水分离。

4. 混合料的搅拌宜采用强制式搅拌机。

5. 输料管应能承受 0.5MPa 以上的压力，并应有良好的耐磨性能。

6. 干法喷射混凝土施工供水设施应保证喷头处的水压为 $0.15 \sim 0.20$MPa。

2.3.3 混合料的配合比与拌制

1. 混合料配合比应遵守下列规定：

1) 干法喷射水泥与砂、石之重量比宜为 1.0∶4.0 ～ 1.0∶4.5，水灰比宜为 0.40 ～ 0.45；湿法喷射水泥与砂、石之重量比宜为 1.0:3.5~1.0:4.0，水灰比宜为 0.42~0.50，砂率宜为 50%~60%；

2）速凝剂或其他外加剂的掺量应通过试验确定；

3）外掺料的添加量应符合有关技术标准的要求，并通过试验确定。

2. 原材料按重量计，称量的允许偏差应符合下列规定：

1）水泥和速凝剂均为 ±2%；

2）砂、石均为 ±3%。

3. 混合料搅拌时间应遵守下列规定：

1）采用容量小于 400L 的强制式搅拌机时，搅拌时间不得少于 60s；

2）采用自落式或滚筒式搅拌机时，搅拌时间不得少于 120s；

3）采用人工搅拌时，搅拌次数不得少于 3 次；

4）混合料掺有外加剂或外掺料时，搅拌时间应适当延长。

4. 混合料在运输、存放过程中，应严防雨淋、滴水及大块石等杂物混入，装入喷射机前应过筛。

5. 干混合料宜随拌随用。无速凝剂掺入的混合料，存放时间不应超过 2h，干混合料掺速凝剂后，存放时间不应超过 20min。

6. 用于湿法喷射的混合料拌制后，应进行坍落度测定，其坍落度宜为 8~12cm。

2.3.4 喷射前的准备工作

1. 喷射作业现场，应做好下列准备工作：

1）拆除作业面障碍物、清除开挖面的浮石和墙脚的岩渣、堆积物；

2）用高压风水冲洗受喷面；对遇水易潮解、泥化的岩层，则应用压风清扫岩面；

3）埋设控制喷射混凝土厚度的标志；

4）喷射机司机与喷射手不能直接联系时，应配备联络装置；

5）作业区应有良好的通风和足够的照明装置。

2. 喷射作业前，应对机械设备、风、水管路，输料管路和电缆线路等进行全面检查及试运转。

3. 受喷面有滴水、淋水时，喷射前应按下列方法做好治水工作：

1）有明显出水点时，可埋设导管排水；

2）导水效果不好的含水岩层，可设盲沟排水；

3）竖井淋帮水，可设截水圈排水。

4. 采用湿法喷射时，宜备有液态速凝剂，并应检查速凝剂的泵送及计量装置性能。

2.3.5 喷射作业

1. 喷射作业应遵守下列规定：

1）喷射作业应分段分片依次进行，喷射顺序应自下而上；

2）素喷混凝土一次喷射厚度应按照表2.3.5选用；

素喷混凝土一次喷射厚度（mm）　　表 2.3.5

喷射方法	部　位	掺速凝剂	不掺速凝剂
干　法	边　墙	70～100	50～70
	拱　部	50～60	30～40
湿　法	边　墙	80～150	—
	拱　部	60～100	—

31

3）分层喷射时，后一层喷射应在前一层混凝土终凝后进行，若终凝 1h 后再进行喷射时，应先用风水清洗喷层表面；

4）喷射作业紧跟开挖工作面时，混凝土终凝到下一循环放炮时间，不应小于 3h。

2. 喷射机司机的操作应遵守下列规定：

1）作业开始时，应先送风，后开机，再给料；结束时，应待料喷完后，再关风；

2）向喷射机供料应连续均匀；机器正常运转时，料斗内应保持足够的存料；

3）喷射机的工作风压，应满足喷头处的压力在 0.1MPa 左右；

4）喷射作业完毕或因故中断喷射时，必须将喷射机和输料管内的积料清除干净。

3. 喷射手的操作应遵守下列规定：

1）喷射手应经常保持喷头具良好的工作性能；

2）喷头与受喷面应垂直，宜保持 0.60～1.00m 的距离；

3）干法喷射时，喷射手应控制好水灰比，保持混凝土表面平整，呈湿润光泽，无干斑或滑移流淌现象。

4. 喷射混凝土的回弹率，边墙不应大于 15%，拱部不应大于 25%。

5. 竖井喷射作业应遵守下列规定：

1）喷射机宜设置在地面；喷射机如置于井筒内时，应设置双层吊盘；

2）采用管道下料时，混合料应随用随下；

3）喷射与开挖单行作业时，喷射区段高宜与掘进段高相同，在每一段高内，可分成 1.50～2.00m 的小段，各小段的喷射作业应由下而上进行。

6. 喷射混凝土养护应遵守下列规定：

1）喷射混凝土终凝 2h 后，应喷水养护；养护时间，一般工程不得少于 7d，重要工程不得少于 14d；

2）气温低于 +5℃时，不得喷水养护。

7. 冬期施工应遵守下列规定：

1）喷射作业区的气温不应低于 +5℃；

2）混合料进入喷射机的温度不应低于 +5℃；

3）喷射混凝土强度在下列数值时，不得受冻：

（1）普通硅酸盐水泥配制的喷射混凝土低于设计强度等级 30%时；

（2）矿渣水泥配制的喷射混凝土低于设计强度等级 40%时。

2.3.6 钢纤维喷射混凝土施工

1. 钢纤维喷射混凝土的原材料除应符合本规范的有关规定外，还应符合下列规定：

1）钢纤维长度偏差不应超过长度公称值的 ±5%；

2）钢纤维不得有明显的锈蚀和油渍及其他妨碍钢纤维与水泥粘结的杂质；钢纤维内含有的因加工不良造成的粘连片、铁屑及杂质的总重量不应超过钢纤维重量的 1‰；

3）水泥标号不宜低于 425 号；

4）骨料粒径不宜大于 10mm。

2. 钢纤维喷射混凝土施工除应遵守本章有关规定外，还应符合下列规定：

1）搅拌混合料时，宜采用钢纤维播料机往混合料中添加钢纤维，搅拌时间不宜小于 180s；

2）钢纤维在混合料中应分布均匀，不得成团；

3）在钢纤维喷射混凝土的表面宜再喷射一层厚度为10mm 的水泥砂浆，其强度等级不应低于钢纤维喷射混凝土的强度等级。

2.3.7 钢筋网喷射混凝土施工

1. 喷射混凝土中钢筋网的铺设要遵守下列规定：

1）钢筋使用前应清除污锈；

2）钢筋网宜在岩面喷射一层混凝土后铺设，钢筋与壁面的间隙，宜为 30mm；

3）采用双层钢筋网时，第二层钢筋网应在第一层钢筋网被混凝土覆盖后铺设；

4）钢筋网应与锚杆或其他锚定装置联结牢固，喷射时钢筋不得晃动。

2. 钢筋网喷射混凝土作业除应符合本章有关规定外，还应符合下列规定：

1）开始喷射时，应减小喷头与受喷面的距离，并调节喷射角度，以保证钢筋与壁面之间混凝土的密实性；

2）喷射中如有脱落的混凝土被钢筋网架住，应及时清除。

2.3.8 钢架喷射混凝土施工

1. 架设钢架应遵守下列规定：

1）安装前，应检查钢架制作质量是否符合设计要求；

2）钢架安装允许偏差，横向和高程均为 ±50mm，垂直度为 ±2°；

3）钢架立柱埋入底板深度应符合设计要求，并不得置于浮渣上；

4）钢架与壁面之间必须楔紧，相邻钢架之间应连接牢靠。

2. 钢架喷射混凝土施工除应符合本章有关规定外，还应遵守下列规定：

1）钢架与壁面之间的间隙必须用喷射混凝土充填密实；

2）喷射顺序，应先喷射钢架与壁面之间的混凝土，后喷射钢架之间的混凝土；

3）除可缩性钢架的可缩节点部位外，钢架应被喷射混凝土覆盖。

2.3.9 水泥裹砂喷射混凝土施工

1. 水泥裹砂喷射混凝土施工所用设备除应遵守本章 2.4.2 中的规定外，还应符合下列要求：

1）砂浆输送泵宜选用液压双缸式、螺旋式或挤压式，也可采用单缸式。砂浆泵的性能应符合下列要求：

（1）砂浆输送能力不应小于 $4m^3/h$；

（2）砂浆输送能力在 $0～4m^3/h$ 内宜为无级可调；

（3）砂浆输出压力应能保证施工过程中输料管叉管处砂浆的压力不小于 0.3MPa；

（4）使用单缸式砂浆输送泵时，应保证喷射作业时砂浆的输送脉冲间隔时间不超过 0.4s。

2）砂浆拌制设备宜采用反向双转式或行星式水泥裹砂机，也可以采用强制式混凝土搅拌机。

2. 水泥裹砂喷射混凝土的配合比除应遵守本章 2.3.3 中有关条文规定外，还应符合下列要求：

1）水泥用量宜为 $350～400kg/m^3$；

2）水灰比宜为 0.4～0.52；

3）裹砂砂浆内的含砂量宜为总用砂量的 50%～75%；

4）裹砂砂浆内的水泥用量宜为总水泥用量的 90%；砂浆内宜掺高效减水剂。

3. 水泥裹砂砂浆的拌制应遵守下列规定：

1）水泥裹砂造壳时的水灰比宜为 0.2 ~ 0.3，造壳搅拌时间为 60 ~ 150s；二次加水后的搅拌时间宜为 30 ~ 90s；减水剂应在二次加水时加入搅拌机。

2）使用掺合料时，则掺合料应与水泥同时加入搅拌机。

4. 混合料的拌制应遵守本章 2.3.3 中有关条文的规定。

5. 水泥裹砂喷射混凝土作业除应遵守本章 2.3.5 中有关规定外，还应遵守下列规定：

1）作业开始时，喷射机先送风；砂浆泵按预定输送量送裹砂砂浆；待喷头开始喷出砂浆时，喷射机输送混合料；

2）调整砂浆泵的压力，使喷出的混凝土具有适宜的稠度；

3）喷射作业结束时，喷射机先停止送料后，砂浆泵停止输送砂浆，待喷头处没有物料喷出时，停止送风；

4）一次喷射厚度可按表 2.3.5 的规定增加 20%。

2.3.10 喷射混凝土强度质量的控制

1. 重要工程的喷射混凝土施工，宜根据喷射混凝土现场 28d 龄期抗压强度的试验结果，绘制抗压强度质量图，控制喷射混凝土抗压强度。

2. 喷射混凝土的匀质性，可以现场 28d 龄期喷射混凝土抗压强度的标准差和变异系数，按表 2.3.10 的控制水平表示。

3. 喷射混凝土施工中应达到的平均抗压强度可按下式计算：

$$f_{ck} = f_c + S \qquad (2.3.10)$$

式中　f_{ck}——施工阶段喷射混凝土应达到的平均抗压强度（MPa）；

f_c——喷射混凝土抗压强度设计值（MPa）；

S——标准差（MPa）。

喷射混凝土的匀质性指标　　　表 2.3.10

施工控制水平		优	良	及格	差
标准差（MPa）	母体的离散	<4.5	4.5~5.5	>5.5~6.5	>6.5
	一次试验的离散	<2.2	2.2~2.7	>2.7~3.2	>3.2
变异系数（%）	母体的离散	<15	15~20	>20~25	>25
	一次试验的离散	<7	7~9	>9~11	>11

2.4 安全技术与防尘

2.4.1 安全技术

1. 施工前，应认真检查和处理锚喷支护作业区的危石，施工机具应布置在安全地带。

2. 在Ⅳ、Ⅴ级围岩中进行锚喷支护施工时，应遵守下列规定：

1）锚喷支护必须紧跟开挖工作面；

2）应先喷后锚，喷射混凝土厚度不应小于50mm；喷射作业中，应有人随时观察围岩变化情况；

3）锚杆施工宜在喷射混凝土终凝3h后进行。

3. 施工中，应定期检查电源线路和设备的电器部件，确保用电安全。

4. 喷射机、水箱、风包、注浆罐等应进行密封性能和耐压试验，合格后方可使用。喷射混凝土施工作业中，要经常检查出料弯头、输料管和管路接头等有无磨薄、击穿或松脱现象，发现问题，应及时处理。

5. 处理机械故障时，必须使设备断电、停风。向施工设备送电、送风前，应通知有关人员。

6. 喷射作业中处理堵管时，应将输料管顺直，必须紧按喷头，疏通管路的工作风压不得超过 0.4MPa。

7. 喷射混凝土施工用的工作台架应牢固可靠，并应设置安全栏杆。

8. 向锚杆孔注浆时，注浆罐内应保持一定数量的砂浆，以防罐体放空，砂浆喷出伤人。处理管路堵塞前，应消除罐内压力。

9. 非操作人员不得进入正进行施工的作业区。施工中，喷头和注浆管前方严禁站人。

10. 施工操作人员的皮肤应避免与速凝剂、树脂胶泥直接接触，严禁树脂卷接触明火。

11. 钢纤维喷射混凝土施工中，应采取措施，防止钢纤维扎伤操作人员。

12. 检验锚杆锚固力应遵守下列规定：

1）拉力计必须固定牢靠；

2）拉拔锚杆时，拉力计前方或下方严禁站人；

3）锚杆杆端一旦出现颈缩时，应及时卸荷。

13. 水胀锚杆的安装应遵守下列规定：

1）高压泵应设置防护罩。锚杆安装完毕，应将其搬移到安全无淋水处，防止放炮时被砸坏；

2）搬运高压泵时，必须断电，严禁带电作业；

3）在高压进水阀未关闭，回水阀未打开之前，不得撤离安装棒；

4）安装锚杆时，操作人员手持安装棒应与锚杆孔轴线偏离一个角度。

14. 预应力锚杆的施工安全应遵守下列规定：

1）张拉预应力锚杆前，应对设备全面检查，并固定牢靠，张拉时孔口前方严禁站人；

2）拱部或边墙进行预应力锚杆施工时，其下方严禁进行其他作业；

3）对穿型预应力锚杆施工时，应有联络装置，作业中应密切联系；

4）封孔水泥砂浆未达到设计强度的 70% 时，不得在锚杆端部悬挂重物或碰撞外锚具。

2.4.2 防尘

1. 喷射混凝土施工宜采用湿喷或水泥裹砂喷射工艺。

2. 采用干法喷射混凝土施工时，宜采取下列综合防尘措施：

1）在保证顺利喷射的条件下，增加骨料含水率；

2）在距喷头 3 ~ 4m 处增加一个水环，用双水环加水；

3）在喷射机或混合料搅拌处，设置集尘器或除尘器；

4）在粉尘浓度较高地段，设置除尘水幕；

5）加强作业区的局部通风；

6）采用增粘剂等外加剂。

3. 锚喷作业区的粉尘浓度不应大于 $10mg/m^3$。施工中，应按相关的技术要求测定粉尘浓度。测定次数，每半个月至少一次。

4. 喷射混凝土作业人员，应采用个体防尘用具。

2.5 质量检查与工程验收

2.5.1 质量检查

1. 原材料与混合料的检查应遵守下列规定：

1）每批材料到达工地后，应进行质量检查，合格后方可使用；

2）喷射混凝土的混合料和锚杆用的水泥砂浆的配合比以及拌和的均匀性，每工作班检查次数不得少于两次；条件变化时，应及时检查。

2. 喷射混凝土抗压强度的检查应遵守下列规定：

1）喷射混凝土必须做抗压强度试验；当设计有其他要求时，可增做相应的性能试验；

2）检查喷射混凝土抗压强度所需的试块应在工程施工中抽样制取。试块数量，每喷射 50～100m³ 混合料或混合料小于 50m³ 的独立工程，不得少于一组，每组试块不得少于 3个；材料或配合比变更时，应另作一组；

3）检查喷射混凝土抗压强度的标准试块应在一定规格的喷射混凝土板件上切割制取。试块为边长 100mm 的立方体，在标准养护条件下养护 28d，用标准试验方法测得的极限抗压强度，并乘以 0.95 的系数；

4）当不具备制作抗压强度标准试块条件时，也可采用下列方法制作试块，检查喷射混凝土抗压强度。

（1）按规范要求喷制混凝土大板，在标准养护条件下养护 7d 后，用钻芯机在大板上钻取芯样的方法制作试块。芯样边缘至大板周边的最小距离不应小于 50mm。芯样的加工与试验方法应符合《钻取芯样法测定结构混凝土抗压强度技

40

术规程》YBJ 209 的有关要求；

（2）亦可直接向边长为 150mm 的无底标准试模内喷射混凝土制作试块，其抗压强度换算系数，应通过试验确定。

5）采用立方体试块做抗压强度试验时，加载方向必须与试块喷射成型方向。

3. 喷射混凝土抗压强度的验收应符合下列规定：

1）同批喷射混凝土的抗压强度，应以同批内标准试块的抗压强度代表值来评定；

2）同组试块应在同块大板上切割制取，对有明显缺陷的试块，应予舍弃；

3）每组试块的抗压强度代表值为三个试块试验结果的平均值；当三个试块强度中的最大值或最小值之一与中间值之差超过中间值的 15% 时，可用中间值代表该组的强度；当三个试块强度中的最大值和最小值与中间值之差均超过中间值的 15%，该组试块不应作为强度评定的依据。

4）重要工程的合格条件为：

$$f'_{ck} - K_1 S_n \geqslant 0.9 f_c \qquad (2.5.1-1)$$

$$f'_{ckmin} \geqslant K_2 f_c \qquad (2.5.1-2)$$

5）一般工程的合格条件为：

$$f'_{ck} \geqslant f_c \qquad (2.5.1-3)$$

$$f'_{cckmin} \geqslant 0.85 f_c \qquad (2.5.1-4)$$

式中　f'_{ck}——施工阶段同批 n 组喷射混凝土试块抗压强度的平均值（MPa）；

　　　f_c——喷射混凝土立方体抗压强度设计值（MPa）；

　　　f'_{ckmin}——施工阶段同批 n 组喷射混凝土试块抗压强度的最小值（MPa）；

K_1，K_2——合格判定系数，按表 2.5.1-1 取值；

n——施工阶段每批喷射混凝土试块的抽样组数；

S_n——施工阶段同批 n 组喷射混凝土试块抗压强度的标准值（MPa）。

6）喷射混凝土强度不符合要求时，应查明原因，采取补强措施。

注：同批试块是指原材料和配合比基本相同的喷射混凝土试块。

4. 喷射混凝土厚度的检查应遵守下列规定：

合格判定系数 K_1、K_2 值 表 2.5.1-1

N	10～14	15～24	≥25
K_1	1.70	1.65	1.60
K_2	0.90	0.85	0.85

1）喷层厚度可用凿孔法或其他方法检查；

2）各类工程喷层厚度检查断面的数量可按表 2.5.1-2 确定，但每一个独立工程检查数量不得少于一个断面；每一个断面的检查点，应从拱部中线起，每间隔 2～3m 设一个，但一个断面上，拱部不应少于 3 个点，总计不应少于 5 个点；

喷射混凝土厚度检查断面间距（m） 表 2.5.1-2

隧洞跨度	间　距	竖井直径	间　距
＜5	40～50	＜5	20～40
5～15	20～40	5～8	10～20
15～25	10～20	—	—

3）合格条件为：每个断面上，全部检查孔处的喷层厚度60%以上不应小于设计厚度；最小值不应小于设计厚度的50%；同时，检查孔处厚度的平均值不应小于设计厚度；对重要工程的拱墙喷层厚度的检查结果，应分别进行统计。

5. 锚杆质量的检查应遵守下列规定：

1）检查端头锚固型和摩擦型锚杆质量必须做抗拔力试验。试验数量，每300根锚杆必须抽样一组；设计变更或材料变更时，应另做一组，每组锚杆不得少于3根；

2）锚杆质量合格条件为：

$$P_{An} \geq P_A$$

$$P_{Amin} \geq 0.9 P_A \qquad (2.5.1-5)$$

式中　　P_{An}——同批试件抗拔力的平均值（kN）；

　　　　P_A——锚杆设计锚固力（kN）；

　　　P_{Amin}——同批试件抗拔力的最小值（kN）；

3）锚杆抗拔力不符合要求时，可用加密锚杆的方法予以补强；

4）全长粘结型锚杆，应检查砂浆密实度，注浆密实度大于75%方为合格。

6. 预应力锚杆的质量检查应遵守下列规定：

1）检查是否有完整的锚杆性能试验与验收试验资料；

2）锚杆的性能试验结果和验收试验结果应符合本规范规定；

3）长期监测的预应力锚杆的预应力值变化应满足本规范第3.6.3条第3款规定要求。

7. 锚喷支护外观与隧洞断面尺寸应符合下列要求：

1）断面尺寸符合设计要求；

2）无漏喷、离鼓现象；

3）无仍在扩展中或危及使用安全的裂缝；

4）有防水要求的工程，不得漏水；

5）锚杆尾端及钢筋网等不得外露。

2.5.2 工程验收

1. 锚喷支护工程竣工后，应按设计要求和质量合格条件进行验收。

2. 锚喷支护工程验收时，应提供下列资料：

1）原材料出厂合格证，工地材料试验报告，代用材料试验报告；

2）按本规范内容与格式提供锚喷支护施工记录；

3）喷射混凝土强度、厚度、外观尺寸及锚杆抗拔力等检查和试验报告，预应力锚杆的性能试验与验收试验报告；

4）施工期间的地质素描图；

5）隐蔽工程检查验收记录；

6）设计变更报告；

7）工程重大问题处理文件；

8）竣工图。

3. 设计要求进行监控量测的工程，验收时，应提交相应的报告与资料：

1）实际测点布置图；

2）测量原始记录表及整理汇总资料，现场监控量测记录表；

3）位移测量时态曲线图；

4）量测信息反馈结果记录。

3 灌 注 桩

3.1 施 工 准 备

3.1.1 灌注桩施工应具备下列资料：

  1. 建筑场地岩土工程勘察报告。

  2. 桩基工程施工图及图纸会审纪要。

  3. 建筑场地和邻近区域内的地下管线、地下构筑物、危房、精密仪器车间等的调查资料。

  4. 主要施工机械及其配套设备的技术性能资料。

  5. 桩基工程的施工组织设计。

  6. 水泥、砂、石、钢筋等原材料及其制品的质检报告。

  7. 有关荷载、施工工艺的试验参考资料。

3.1.2 钻孔机具及工艺的选择，应根据桩型、钻孔深度、土层情况、泥浆排放及处理条件综合确定。

3.1.3 施工组织设计应结合工程特点，有针对性地制定相应质量管理措施，主要应包括下列内容：

  1. 施工平面图：标明桩位、编号、施工顺序、水电线路和临时设施的位置；采用泥浆护壁成孔时，应标明泥浆制备设施及其循环系统。

  2. 确定成孔机械、配套设备以及合理施工工艺的有关资料，泥浆护壁灌注桩必须有泥浆处理措施。

  3. 施工作业计划和劳动力组织计划。

4. 机械设备、备件、工具、材料供应计划。

5. 桩基施工时，对安全、劳动保护、防火、防雨、防台风、爆破作业、文物和环境保护等方面应按有关规定执行。

6. 保证工程质量、安全生产和季节性施工的技术措施。

3.1.4 成桩机械必须经鉴定合格，不得使用不合格机械。

3.1.5 施工前应组织图纸会审，会审纪要连同施工图等应作为施工依据，并应列入工程档案。

3.1.6 桩基施工用的供水、供电、道路、排水、临时房屋等临时设施，必须在开工前准备就绪，施工场地应进行平整处理，保证施工机械正常作业。

3.1.7 基桩轴线的控制点和水准点应设在不受施工影响的地方。开工前，经复核后应妥善保护，施工中应经常复测。

3.1.8 用于施工质量检验的仪表、器具的性能指标，应符合现行国家相关标准的规定。

3.2 一般规定

3.2.1 不同桩型的适用条件应符合下列规定：

1. 泥浆护壁钻孔灌注桩宜用于地下水位以下的黏性土、粉土、砂土、填土、碎石土及风化岩层。

2. 旋挖成孔灌注桩宜用于黏性土、粉土、砂土、填土、碎石土及风化岩层。

3. 冲孔灌注桩除宜用于上述地质情况外，还能穿透旧基础、建筑垃圾填土或大孤石等障碍物。在岩溶发育地区应慎重使用，采用时，应适当加密勘察钻孔。

4. 长螺旋钻孔压灌桩后插钢筋笼宜用于黏性土、粉土、砂土、填土、非密实的碎石类土、强风化岩。

5. 干作业钻、挖孔灌注桩宜用于地下水位以上的黏性土、粉土、填土、中等密实以上的砂土、风化岩层。

6. 在地下水位较高，有承压水的砂土层、滞水层、厚度较大的流塑状淤泥、淤泥质土层中不得选用人工挖孔灌注桩。

7. 沉管灌注桩宜用于黏性土、粉土和砂土；夯扩桩宜用于桩端持力层为埋深不超过20m的中、低压缩性黏性土、粉土、砂土和碎石类土。

3.2.2 成孔设备就位后，必须平整、稳固，确保在成孔过程中不发生倾斜和偏移。应在成孔钻具上设置控制深度的标尺，并应在施工中进行观测记录。

3.2.3 成孔的控制深度应符合下列要求：

1. 摩擦型桩：摩擦桩应以设计桩长控制成孔深度；端承摩擦桩必须保证设计桩长及桩端进入持力层深度。当采用锤击沉管法成孔时，桩管入土深度控制应以标高为主，以贯入度控制为辅。

2. 端承型桩：当采用钻（冲）、挖掘成孔时，必须保证桩端进入持力层的设计深度；当采用锤击沉管法成孔时，桩管入土深度控制以贯入度为主，以控制标高为辅。

3.2.4 灌注桩成孔施工的允许偏差应满足表3.2.4的要求。

3.2.5 钢筋笼制作、安装的质量应符合下列要求：

1. 钢筋笼材质、尺寸应符合设计要求，制作允许偏差应按表3.2.5的规定。

2. 分段制作的钢筋笼，其接头宜采用焊接或机械式接头（钢筋直径大于20mm），并应遵守国家现行标准《钢筋机械连接通用技术规程》JGJ 107、《钢筋焊接及验收规程》JGJ 18和《混凝土结构工程施工质量验收规范》GB 50204的规定。

灌注桩成孔施工允许偏差　　　　　　　　表 3.2.4

成孔方法		桩径偏差（mm）	垂直度允许偏差（%）	桩位允许偏差（mm）	
				1~3 根桩、条形桩基沿垂直轴线方向和群桩基础中的边桩	条形桩基沿轴线方向和群桩基础的中间桩
泥浆护壁钻、挖、冲孔桩	$d \leqslant 1000mm$	$\leqslant -50$	1	$d/6$ 且不大于 100	$d/4$ 不大于 150
	$d > 1000mm$	-50		$100 + 0.01H$	$150 + 0.01H$
锤击（振动）沉管振动冲击沉管成孔	$d \leqslant 500mm$	20	1	70	150
	$d > 500mm$			100	150
螺旋钻、机动洛阳铲干作业成孔灌注桩		-20	1	70	150
人工挖孔桩	现浇混凝土护壁	±50	0.5	50	150
	长钢套管护壁	±20	1	100	200

注：1. 桩径允许偏差的负值是指个别断面；

2. H 为施工现场地面标高与桩顶设计标高的距离；d 为设计桩径。

钢筋笼制作允许偏差　　　　　　　　表 3.2.5

项　　目	允许偏差（mm）
主筋间距	±10
箍筋间距	±20
钢筋笼直径	±10
钢筋笼长度	±100

3. 加劲箍宜设在主筋外侧，当因施工工艺有特殊要求时也可置于内侧。

4. 导管接头处外径应比钢筋笼的内径小 100mm 以上。

5. 搬运和吊装钢筋笼时，应防止变形，安放应对准孔位，避免碰撞孔壁和自由落下，就位后应立即固定。

3.2.6 粗骨料可选用卵石或碎石，其粒径不得大于钢筋间最小净距的 1/3。

3.2.7 检查成孔质量合格后应尽快灌注混凝土。直径大于 1m 或单桩混凝土量超过 25m³ 的桩，每根桩桩身混凝土应留有 1 组试件；直径不大于 1m 的桩或单桩混凝土量不超过 25m³ 的桩，每个灌注台班不得少于 1 组；每组试件应留 3 件。

3.2.8 在正式施工前，宜进行试成孔。

3.2.9 灌注桩施工现场所有设备、设施、安全装置、工具配件以及个人劳保用品必须经常检查，确保完好和使用安全。

3.3 泥浆护壁成孔灌注桩

3.3.1 泥浆的制备和处理

1. 除能自行造浆的黏性土层外，均应制备泥浆。泥浆制备应选用高塑性黏土或膨润土。泥浆应根据施工机械、工艺及穿越土层情况进行配合比设计。

2. 泥浆护壁应符合下列规定：

1）施工期间护筒内的泥浆面应高出地下水位 1.0m 以上，在受水位涨落影响时，泥浆面应高出最高水位 1.5m 以上；

2）在清孔过程中，应不断置换泥浆，直至灌注水下混凝土；

3）灌注混凝土前，孔底 500mm 以内的泥浆相对密度应小于 1.25；含砂率不得大于 8%；黏度不得大于 28s；

4）在容易产生泥浆渗漏的土层中应采取维持孔壁稳定的措施。

3. 废弃的浆、渣应进行处理，不得污染环境。

3.3.2　正、反循环钻孔灌注桩的施工

1. 对孔深较大的端承型桩和粗粒土层中的摩擦型桩，宜采用反循环工艺成孔或清孔，也可根据土层情况采用正循环钻进，反循环清孔。

2. 泥浆护壁成孔时，宜采用孔口护筒，护筒设置应符合下列规定：

1）护筒埋设应准确、稳定，护筒中心与桩位中心的偏差不得大于 50mm；

2）护筒可用 4～5mm 厚钢板制作，其内径应大于钻头直径 100mm，上部宜开设 1～2 个溢浆孔；

3）护筒的埋设深度：在黏性土中不宜小于 1.0m；砂土中不宜小于 1.5m。护筒下端外侧应采用黏土填实；其高度尚应满足孔内泥浆面高度的要求；

4）受水位涨落影响或水下施工的钻孔灌注桩，护筒应加高加深，必要时应打入不透水层。

3. 当在软土层中钻进时，应根据泥浆补给情况控制钻进速度；在硬层或岩层中的钻进速度应以钻机不发生跳动为准。

4. 钻机设置的导向装置应符合下列规定：

1）潜水钻的钻头上应有不小于 $3d$ 长度的导向装置；

2）利用钻杆加压的正循环回转钻机，在钻具中应加设扶正器。

5. 如在钻进过程中发生斜孔、塌孔和护筒周围冒浆、失稳等现象时，应停钻，待采取相应措施后再进行钻进。

6. 钻孔达到设计深度，灌注混凝土之前，孔底沉渣厚度指标应符合下列规定：

1）对端承型桩，不应大于 50mm；

2）对摩擦型桩，不应大于 100mm；

3）对抗拔、抗水平力桩，不应大于 200mm。

3.3.3 冲击成孔灌注桩的施工

1. 在钻头锥顶和提升钢丝绳之间应设置保证钻头自动转向的装置。

2. 冲孔桩孔口护筒，其内径应大于钻头直径 200mm，护筒应按本规范规定设置。

3. 泥浆的制备、使用和处理应符合本章第 3.3.1 条的规定。

4. 冲击成孔质量控制应符合下列规定：

1）开孔时，应低锤密击，当表土为淤泥、细砂等软弱土层时，可加粘土块夹小片石反复冲击造壁，孔内泥浆面应保持稳定；

2）在各种不同的土层、岩层中成孔时，可按照表3.3.3的操作要点进行；

3）进入基岩后，应采用大冲程、低频率冲击，当发现成孔偏移时，应回填片石至偏孔上方 300~500mm 处，然后重新冲孔；

4）当遇到孤石时，可预爆或采用高低冲程交替冲击，将大孤石击碎或挤入孔壁；

5）应采取有效的技术措施防止扰动孔壁、塌孔、扩孔、卡钻和掉钻及泥浆流失等事故；

6）每钻进 4~5m 应验孔一次，在更换钻头前或容易缩孔处，均应验孔；

7）进入基岩后非桩端持力层每钻进 300~500mm 和桩端持力层每钻进 100~300mm 时，应清孔取样一次，并应做记录。

冲击成孔操作要点   表 3.3.3

项　　目	操　作　要　点
在护筒刃脚以下 2m 范围内	小冲程 1m 左右，泥浆比重 1.2~1.5，软弱土层投入黏土块夹小片石
黏性土层	中、小冲程 1~2m，泵入清水或稀泥浆，经常清除钻头上的泥块
粉砂或中粗砂层	中冲程 2~3m，泥浆比重 1.2~1.5，投入黏土块，勤冲、勤掏渣
砂卵石层	中、高冲程 3~4m，泥浆比重（密度）1.3 左右，勤掏渣
软弱土层或塌孔回填垂钻	小冲程反复冲击，加黏土块夹小片石，泥浆比重 1.3~1.5

注：1. 土层不好时提高泥浆比重或加黏土块；
　　2. 防黏钻可投入碎砖石。

5. 排渣可采用泥浆循环或抽渣筒等方法，当采用抽渣筒排渣时，应及时补给泥浆。

6. 冲孔中遇到斜孔、弯孔、梅花孔、塌孔及护筒周围冒浆失稳等情况时，应停止施工，采取措施后方可继续施工。

7. 大直径桩可分级成孔，第一级成孔直径应为设计桩径的 0.6~0.8 倍。

8. 清孔宜按下列规定进行：

1）不易塌孔的桩孔，可采用空气吸泥清孔；

2）稳定性差的孔壁应采用泥浆循环或抽渣筒排渣，清孔后灌注混凝土之前的泥浆指标应按本章第3.3.1条执行；

3）清孔时，孔内泥浆面应符合本规范规定；

4）灌注混凝土前，孔底沉渣允许厚度应符合本规范规定。

3.3.4 旋挖成孔灌注桩的施工

1. 旋挖钻成孔灌注桩应根据不同的地层情况及地下水位埋深，采用干作业成孔和泥浆护壁成孔工艺，干作业成孔工艺可按本规范执行。

2. 泥浆护壁旋挖钻机成孔应配备成孔和清孔用泥浆及泥浆（箱），在容易产生泥浆渗漏的土层中可采取提高泥浆相对密度和掺入锯末、增黏剂提高泥浆黏度等维持孔壁稳定的措施。

3. 泥浆制备的能力应大于钻孔时的泥浆需求量，每台套钻机的泥浆储备量不应少于单桩体积。

4. 旋挖钻机施工时，应保证机械稳定、安全作业，必要时可在场地铺设能保证其安全行走和操作的钢板或垫层（路基板）。

5. 每根桩均应安设钢护筒，护筒应满足本规范规定。

6. 成孔前和每次提出钻斗时，应检查钻斗和钻杆连接销子、钻斗门连接销子以及钢丝绳的状况，并应清除钻斗上的渣土。

7. 旋挖钻机成孔应采用跳挖方式，钻斗倒出的土距桩孔口的最小距离应大于6m，并应及时清除。应根据钻进速度同步补充泥浆，保持所需的泥浆面高度不变。

8. 钻孔达到设计深度时，应采用清孔钻头进行清孔，并应满足本规范要求。孔底沉渣厚度控制指标应符合本规范规定。

3.3.5 水下混凝土的灌注

1. 钢筋笼吊装完毕后，应安置导管或气泵管二次清孔，应进行孔位、孔径、垂直度和孔深、沉渣厚度等检验，合格后应立即灌注混凝土。

2. 水下灌注的混凝土应符合下列规定：

1）水下灌注混凝土必须具备良好的和易性，配合比应通过试验确定；坍落度宜为 180～220mm；水泥用量不应少于 360kg/m³（当掺入粉煤灰时水泥用量可不受此限）；

2）水下灌注混凝土的含砂率宜为 40%～50%，并宜选用中粗砂；粗骨料的最大粒径应小于 40mm；并应满足本章第 3.2.6 条的要求；

3）水下灌注混凝土宜掺外加剂。

3. 导管的构造和使用应符合下列规定：

1）导管壁厚不宜小于 3mm，直径宜为 200～250mm；直径制作偏差不应超过 2mm，导管的分节长度可视工艺要求确定，底管长度不宜小于 4m，接头宜采用双螺纹方扣快速接头；

2）导管使用前应试拼装、试压，试水压力可取为 0.6～1.0MPa；

3）每次灌注后应对导管内外进行清洗。

4. 使用的隔水栓应有良好的隔水性能，并应保证顺利排出；隔水栓宜采用球胆或与桩身混凝土强度等级相同的细石混凝土制作。

5. 灌注水下混凝土的质量控制应满足下列要求：

1）开始灌注混凝土时，导管底部至孔底的距离宜为 300～500mm；

2）应有足够的混凝土储备量，导管一次埋入混凝土灌注面以下不应少于 0.8m；

3）导管埋入混凝土深度宜为 2~6m 灌注面，并应控制提拔导管速度。严禁将导管提出混凝土，应有专人测量导管埋深及管内外混凝土灌注面的高差，填写水下混凝土灌注记录；

4）灌注水下混凝土必须连续施工，每根桩的灌注时间应按初盘混凝土的初凝时间控制，对灌注过程中的故障应记录备案；

5）应控制最后一次灌注量，超灌高度宜为 0.8~1.0m，凿除泛浆后必须保证暴露的桩顶混凝土强度达到设计等级。

3.4 长螺旋钻孔压灌桩

3.4.1 当需要穿越老黏土、厚层砂土、碎石土以及塑性指数大于 25 的黏土时，应进行试钻。

3.4.2 钻机定位后，应进行复检，钻头与桩位点偏差不得大于 20mm，开孔时下钻速度应缓慢；钻进过程中，不宜反转或提升钻杆。

3.4.3 钻进过程中，当遇到卡钻、钻机摇晃、偏斜或发生异常声响时，应立即停钻，查明原因，采取相应措施后方可继续作业。

3.4.4 根据桩身混凝土的设计强度等级，应通过试验确定混凝土配合比；混凝土坍落度宜为 180~220mm；粗骨料可采用卵石或碎石，最大粒径不宜大于 30mm；可掺加粉煤灰或外加剂。

3.4.5 混凝土泵型号应根据桩径选择，混凝土输送泵管布置宜减少弯道，混凝土泵与钻机的距离不宜超过60m。

3.4.6 桩身混凝土的泵送压灌应连续进行，当钻机移位时，混凝土泵料斗内的混凝土应连续搅拌，泵送混凝土时，料斗内混凝土的高度不得低于400mm。

3.4.7 混凝土输送泵管宜保持水平，当长距离泵送时，泵管下面应垫实。

3.4.8 当气温高于30℃时，宜在输送泵管上覆盖隔热材料，每隔一段时间应洒水降温。

3.4.9 钻至设计标高后，应先泵入混凝土并停顿10~20s，再缓慢提升钻杆。提钻速度应根据土层情况确定，且应与混凝土泵送量相匹配，保证管内有一定高度的混凝土。

3.4.10 在地下水位以下的砂土层中钻进时，钻杆底部活门应有防止进水的措施，压灌混凝土应连续进行。

3.4.11 压灌桩的充盈系数宜为1.0~1.2。桩顶混凝土超灌高度不宜小于0.3~0.5m。

3.4.12 成桩后，应及时清除钻杆及泵管内残留混凝土。长时间停置时，应采用清水将钻杆、泵管、混凝土泵清洗干净。

3.4.13 混凝土压灌结束后，应立即将钢筋笼插至设计深度。钢筋笼插设宜采用专用插筋器。

3.5 沉管灌注桩和内夯沉管灌注桩

3.5.1 锤击沉管灌注桩施工

1. 锤击沉管灌注桩施工应根据土质情况和荷载要求，分别选用单打法、复打法或反插法。

2. 锤击沉管灌注桩施工应符合下列规定：

1）群桩基础的基桩施工，应根据土质、布桩情况，采取消减负面挤土效应的技术措施，确保成桩质量；

2）桩管、混凝土预制桩尖或钢桩尖的加工质量和埋设位置应与设计相符，桩管与桩尖的接触应有良好的密封性。

3. 灌注混凝土和拔管的操作控制应符合下列规定：

1）沉管至设计标高后，应立即检查和处理桩管内的进泥、进水和吞桩尖等情况，并立即灌注混凝土；

2）当桩身配置局部长度钢筋笼时，第一次灌注混凝土应先灌至笼底标高，然后放置钢筋笼，再灌至桩顶标高。第一次拔管高度应以能容纳第二次灌入的混凝土量为限。在拔管过程中应采用测锤或浮标检测混凝土面的下降情况；

3）拔管速度应保持均匀，对一般土层拔管速度宜为1m/min，在软弱土层和软硬上层交界处拔管速度宜控制在0.3~0.8m/min；

4）采用倒打拔管的打击次数，单动汽锤不得少于5次/min，自由落锤小落距轻击不得少于40次/min；在管底未拔至桩顶设计标高之前，倒打和轻击不得中断。

4. 混凝土的充盈系数不得小于1.0；对于充盈系数小于1.0的桩，应全长复打，对可能断桩和缩颈桩，应进行局部复打。成桩后的桩身混凝土顶面应高于桩顶设计标高500mm以内。全长复打时，桩管入土深度宜接近原桩长，局部复打应超过断桩或缩颈区1m以上。

5. 全长复打桩施工时应符合下列规定：

1）第一次灌注混凝土应达到自然地面；

2）拔管过程中应及时清除粘在管壁上和散落在地面上的混凝土；

3）初打与复打的桩轴线应重合；

4）复打施工必须在第一次灌注的混凝土初凝之前完成，混凝土的坍落度宜为 80～100mm。

3.5.2 振动、振动冲击沉管灌注桩施工

1. 振动、振动冲击沉管灌注桩应根据土质情况和荷载要求，分别选用单打法、复打法、反插法等。单打法可用于含水量较小的土层，且宜采用预制桩尖；反插法及复打法可用于饱和土层。

2. 振动、振动冲击沉管灌注桩单打法施工的质量控制应符合下列规定：

1）必须严格控制最后 30s 的电流、电压值，其值按设计要求或根据试桩和当地经验确定；

2）桩管内灌满混凝土后，应先振动 5～10s，再开始拔管，应边振边拔，每拔出 0.5～1.0m，停拔，振动 5～10s；如此反复，直至桩管全部拔出；

3）在一般土层内，拔管速度宜为 1.2～1.5m/min，用活瓣桩尖时宜慢，用预制桩尖时可适当加快；在软弱土层中宜控制在 0.6～0.8m/min。

3. 振动、振动冲击沉管灌注桩反插法施工的质量控制应符合下列规定：

1）桩管灌满混凝土后，先振动再拔管，每次拔管高度 0.5～1.0m，反插深度 0.3～0.5m；在拔管过程中，应分段添加混凝土，保持管内混凝土面始终不低于地表面或高于地下水位 1.0～1.5m 以上，拔管速度应小于 0.5m/min；

2）在距桩尖处 1.5m 范围内，宜多次反插以扩大桩端部断面；

3）穿过淤泥夹层时，应减慢拔管速度，并减少拔管高度和反插深度，在流动性淤泥中不宜使用反插法。

4. 振动、振动冲击沉管灌注桩复打法的施工要求可按本章第3.5.2条执行。

3.5.3 内夯沉管灌注桩施工

1. 当采用外管与内夯管结合锤击沉管进行夯压、扩底、扩径时，内夯管应比外管短100mm，内夯管底端可采用闭口平底或闭口锥底（见图3.5.3-1）。

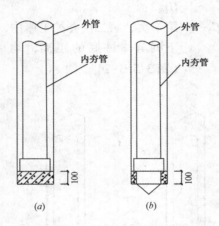

图3.5.3-1 内外管及管塞
（a）平底内夯管；（b）锥底内夯管

2. 外管封底可采用干硬性混凝土、无水混凝土配料，经夯击形成阻水、阻泥管塞，其高度可为100mm。当内、外管间不会发生间隙涌水、涌泥时，亦可不采用上述封底措施。

3. 桩端夯扩头平均直径可按下列公式估算：

一次夯扩 $$D_1 = d_0\sqrt{\frac{H_1 + h_1 - C_1}{h_1}} \qquad (3.5.3-1)$$

二次夯扩 $$D_2 = d_0\sqrt{\frac{H_1 + H_2 + h_1 - C_1 - C_2}{h_2}} \qquad (3.5.3-2)$$

式中　D_1、D_2——第一次、第二次夯扩扩头平均直径（m）；

　　　d_0——外管直径（m）；

　　H_1、H_2——第一次、第二次夯扩工序中，外管内灌注混凝土面从桩底算起的高度（m）；

　　h_1、h_2——第一次、第二次夯扩工序中，外管从桩底算起的上拔高度（m），分别可取 $H_1/2$，$H_2/2$；

　　C_1、C_2——第一次、第二次夯扩工序中，内外管同步下沉至离桩底的距离，均可取为 0.2m（图 3.5.3-2）。

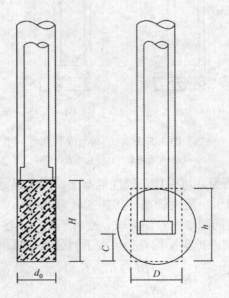

图 3.5.3-2　扩底端

4. 桩身混凝土宜分段灌注；拔管时内夯管和桩锤应施压于外管中的混凝土顶面，边压边拔。

5. 施工前宜进行试成桩，并应详细记录混凝土的分次灌注量、外管上拔高度、内管夯击次数、双管同步沉入深度，并应检查外管的封底情况，有无进水、涌泥等，经核定后可作为施工控制依据。

3.6 干作业成孔灌注桩

3.6.1 钻孔（扩底）灌注桩施工

1. 钻孔时应符合下列规定：

1）钻杆应保持垂直稳固，位置准确，防止因钻杆晃动引起扩大孔径；

2）钻进速度应根据电流值变化，及时调整；

3）钻进过程中，应随时清理孔口积土，遇到地下水、塌孔、缩孔等异常情况时，应及时处理。

2. 钻孔扩底桩施工，直孔部分应按相关规定执行，扩底部位尚应符合下列规定：

1）应根据电流值或油压值，调节扩孔刀片削土量，防止出现超负荷现象；

2）扩底直径和孔底的虚土厚度应符合设计要求。

3. 成孔达到设计深度后，孔口应予保护，应按相关规定验收，并应做好记录。

4. 灌注混凝土前，应在孔口安放护孔漏斗，然后放置钢筋笼，并应再次测量孔内虚土厚度。扩底桩灌注混凝土时，第一次应灌到扩底部位的顶面，随即振捣密实；浇筑桩顶以下 5m 范围内混凝土时，应随浇筑随振捣，每次浇筑高度不得大于 1.5m。

3.6.2 人工挖孔灌注桩施工

1. 人工挖孔桩的孔径（不含护壁）不得小于 0.8m，且不宜大于 2.5m；孔深不宜大于 30m。当桩净距小于 2.5m 时，应采用间隔开挖。相邻排桩跳挖的最小施工净距不得小于 4.5m。

2. 人工挖孔桩混凝土护壁的厚度不应小于 100mm，混凝土强度等级不应低于桩身混凝土强度等级，并应振捣密实；护壁应配置直径不小于 8mm 的构造钢筋，竖向筋应上下搭接或拉接。

3. 人工挖孔桩施工应采取下列安全措施：

1）孔内必须设置应急软爬梯供人员上下；使用的电葫芦、吊笼等应安全可靠，并配有自动卡紧保险装置，不得使用麻绳和尼龙绳吊挂或脚踏井壁凸缘上下；电葫芦宜用按钮式开关，使用前必须检验其安全起吊能力；

2）每日开工前必须检测井下的有毒、有害气体，并应有相应的安全防范措施；当桩孔开挖深度超过 10m 时，应有专门向井下送风的设备，风量不宜少于 25L/s；

3）孔口四周必须设置护栏，护栏高度宜为 0.8m；

4）挖出的土石方应及时运离孔口，不得堆放在孔口周边 1m 范围内，机动车辆的通行不得对井壁的安全造成影响；

5）施工现场的一切电源、电路的安装和拆除必须遵守现行行业标准《施工现场临时用电安全技术规范》JGJ 41 的规定。

4. 开孔前，桩位应准确定位放样，在桩位外设置定位基准桩，安装护壁模板必须用桩中心点校正模板位置，并应由专人负责。

5. 第一节井圈护壁应符合下列规定：

1）井圈中心线与设计轴线的偏差不得大于20mm；

2）井圈顶面应比场地高出100~150mm，壁厚应比下面井壁厚度增100~150mm。

6. 修筑井圈护壁应符合下列规定：

1）护壁的厚度、拉接钢筋、配筋、混凝土强度等级均应符合设计要求；

2）上下节护壁的搭接长度不得小于50mm；

3）每节护壁均应在当日连续施工完毕；

4）护壁混凝土必须保证振捣密实，应根据土层渗水情况使用速凝剂；

5）护壁模板的拆除应在灌注混凝土24h之后；

6）发现护壁有蜂窝、漏水现象时，应及时补强；

7）同一水平面上的井圈任意直径的极差不得大于50mm。

7. 当遇有局部或厚度不大于1.5m的流动性淤泥和可能出现涌土涌砂时，护壁施工可按下列方法处理：

1）将每节护壁的高度减小到300~500mm，并随挖、随验、随灌注混凝土；

2）采用钢护筒或有效的降水措施。

8. 挖至设计标高后，应清除护壁上的泥土和孔底残渣、积水，并应进行隐蔽工程验收。验收合格后，应立即封底和灌注桩身混凝土。

9. 灌注桩身混凝土时，混凝土必须通过溜槽；当落距超过3m时，应采用串筒，串筒末端距孔底高度不宜大于2m；也可采用导管泵送；混凝土宜采用插入式振捣器振实。

10. 当渗水量过大时，应采取场地截水、降水或水下灌注混凝土等有效措施。严禁在桩孔中边抽水边开挖，同时不得灌注相邻桩。

3.7 灌注桩后注浆

3.7.1 灌注桩后注浆工法可用于各类钻、挖、冲孔灌注桩及地下连续墙的沉渣（虚土）、泥皮和桩底、桩侧一定范围土体的加固。

3.7.2 后注浆装置的设置应符合下列规定：

1. 后注浆导管应采用钢管，且应与钢筋笼加劲筋绑扎固定或焊接。

2. 桩端后注浆导管及注浆阀数量宜根据桩径大小设置：对于直径不大于1200mm的桩，宜沿钢筋笼圆周对称设置2根；对于直径大于1200mm而不大于2500mm的桩，宜对称设置3根。

3. 对于桩长超过15m且承载力增幅要求较高者，宜采用桩端桩侧复式注浆；桩侧后注浆管阀设置数量应综合地层情况、桩长和承载力增幅要求等因素确定，可在离桩底5～15m以上、桩顶8m以下，每隔6～12m设置一道桩侧注浆阀，当有粗粒土时，宜将注浆阀设置于粗粒土层下部，对于干作业成孔灌注桩宜设于粗粒土层中部。

4. 对于非通长配筋桩，下部应有不少于2根与注浆管等长的主筋组成的钢筋笼通底。

5. 钢筋笼应沉放到底，不得悬吊，下笼受阻时不得撞笼、墩笼、扭笼。

3.7.3 后注浆阀应具备下列性能：

1. 注浆阀应能承受1MPa以上静水压力；注浆阀外部保

护层应能抵抗砂石等硬质物的刮撞而不致使注浆阀受损。

2. 注浆阀应具备逆止功能。

3.7.4 浆液配比、终止注浆压力、流量、注浆量等参数设计应符合下列规定：

1. 浆液的水灰比应根据土的饱和度、渗透性确定，对于饱和土，水灰比宜为 0.45~0.65；对于非饱和土，水灰比宜为 0.7~0.9（松散碎石土、砂砾宜为 0.5~0.6）；低水灰比浆液宜掺入减水剂。

2. 桩端注浆终止注浆压力应根据土层性质及注浆点深度确定，对于风化岩、非饱和私性土及粉土，注浆压力宜为 3~10MPa；对于饱和土层注浆压力宜为 1.2~4MPa，软土宜取低值，密实性土宜取高值。

3. 注浆流量不宜超过 75L/min。

4. 单桩注浆量的设计应根据桩径、桩长、桩端桩侧土层性质、单桩承载力增幅及是否复式注浆等因素确定，可按下式估算：

$$G_c = \alpha_p d + \alpha_s n d \qquad (3.7.4)$$

式中 α_p、α_s——分别为桩端、桩侧注浆量经验系数，$\alpha_p = 1.5~1.8$，$\alpha_s = 0.5~0.7$；对于卵、砾石、中粗砂取较高值；

n——桩侧注浆断面数；

d——基桩设计直径（m）；

G_c——注浆量，以水泥质量计（t）。

对独立单桩、桩距大于 6d 的群桩和群桩初始注浆的数根基桩的注浆量应按上述估算值乘以 1.2 的系数。

5. 后注浆作业开始前，宜进行注浆试验，优化并最终确定注浆参数。

3.7.5 后注浆作业起始时间、顺序和速率应符合下列规定：

1. 注浆作业宜于成桩 2d 后开始；不宜迟于成桩 30d 后。

2. 注浆作业与成孔作业点的距离不宜小于 8～10m。

3. 对于饱和土中的复式注浆顺序宜先桩侧后桩端；对于非饱和土宜先桩端后桩侧；多断面桩侧注浆应先上后下；桩侧桩端注浆间隔时间不宜少于 2h。

4. 桩端注浆应对同一根桩的各注浆导管依次实施等量注浆。

5. 对于桩群注浆宜先外围、后内部。

3.7.6 当满足下列条件之一时可终止注浆：

1. 注浆总量和注浆压力均达到设计要求。

2. 注浆总量已达到设计值的 75%，且注浆压力超过设计值。

3.7.7 当注浆压力长时间低于正常值或地面出现冒浆或周围桩孔串浆，应改为间歇注浆，间歇时间宜为 30～60min，或调低浆液水灰比。

3.7.8 后注浆施工过程中，应经常对后注浆的各项工艺参数进行检查，发现异常应采取相应处理措施。当注浆量等主要参数达不到设计值时，应根据工程具体情况采取相应措施。

3.7.9 后注浆桩基工程质量检查和验收应符合下列要求：

1. 后注浆施工完成后应提供水泥材质检验报告、压力表检定证书、试注浆记录、设计工艺参数、后注浆作业记录、特殊情况处理记录等资料。

2. 在桩身混凝土强度达到设计要求的条件下，承载力检验应在注浆完成 20d 后进行，浆液中掺入早强剂时可于注浆完成 15d 后进行。

3.8 混凝土灌注桩质量检测

3.8.1 混凝土灌注桩质量检测宜按下列规定进行：

1. 采用低应变动测法检测桩身完整性，检测数量不宜少于总桩数的 10%，且不得少于 5 根。

2. 当根据低应变动测法判定的桩身缺陷可能影响桩的水平承载力时，应采用钻芯法补充检测，检测数量不宜少于总桩数的 2%，且不得少于 3 根。

3.8.2 地下连续墙宜采用声波透射法检测墙身结构质量，检测槽段数应不少于总槽段数的 20%，且不应少于 3 个槽段。

3.8.3 当对钢筋混凝土支撑结构或对钢支撑焊缝施工质量有怀疑时，宜采用超声探伤等非破损方法检测，检测数量根据现场情况确定。

3.8.4 清孔后要求测定的泥浆指标有三项即相对密度、含砂率和黏度。它们是影响混凝土灌注质量的主要指标。

4 土 钉

4.1 施 工

4.1.1 一般规定

1. 土钉支护施工前必须了解工程的质量要求以及施工中的测试监控内容与要求，如基坑支护尺寸的允许误差，支护坡顶的允许最大变形，对邻近建筑物、管线、道路等环境安全影响的允许程度。

2. 土钉支护施工前应确定基坑开挖线、轴线定位点、水准基点、变形观测点等，并在设置后加以妥善保护。

3. 土钉支护施工应按施工组织设计制定的方案和顺序进行，仔细安排土方开挖、出土和支护等工序并使之密切配合；力争连续快速施工，在开挖到坑底后应立即构筑底板。

4. 土钉支护的施工机具和施工工艺应按下列要求选用：

1）成孔机具的选择和工艺要适应现场土质特点和环境条件，保证进钻和抽出过程中不引起塌孔，可选用冲击钻机、螺旋钻机、回转钻机、洛阳铲等，在易塌孔的土体中钻孔时宜采用套管成孔或挤压成孔；

2）注浆泵的规格、压力和输浆盘应满足施工要求；

3）混凝土喷射机的输送距离应满足施工要求，供水设施应保证喷头处有足够的水量和水压（不小于0.2MPa）；

4）空压机应满足喷射机工作风压和风量要求，可选用

风量 $9m^3/min$ 以上、压力大于 0.5MPa 的空压机。

5. 土钉支护每步施工的一般流程如下：

1）开挖工作面，修整边坡；

2）设置土钉（包括成孔、置入钢筋、注浆、补浆）；

3）铺设、固定钢筋网；

4）喷射混凝土面层。

根据不同的土性特点和支护构造方法，上述顺序可以变化。支护的内排水以及坡顶和基底的排水系统应按整个支护从上到下的施工过程穿插设置。

6. 施工开挖和成孔过程中应随时观察土质变化情况并与原设计所认定的加以对比，如发现异常应及时进行反馈设计。

4.1.2 开挖

1. 土钉支护应按设计规定的分层开挖深度按作业顺序施工，在完成上层作业面的土钉与喷混凝土以前，不得进行下一层深度的开挖。当基坑面积较大时，允许在距离四周边坡 8~10m 的基坑中部自由开挖，但应注意与分层作业区的开挖相协调。

2. 当用机械进行土方作业时，严禁边壁出现超挖或造成边壁土体松动。基坑的边壁宜采用小型机具或铲锹进行切削清坡，以保证边坡平整并符合设计规定的坡度。

3. 支护分层开挖深度和施工的作业顺序应保证修整后的裸露边坡能在规定的时间内保持自立并在限定的时间内完成支护，即及时设置土钉或喷射混凝土，基坑在水平方向的开挖也应分段进行，可取 10~20m。

应尽量缩短边壁土体的裸露时间。对于自稳能力差的土体如高含水量的黏性土和无天然黏结力的砂土应立即进行支护。

4. 为防止基坑边坡的裸露土体发生坍陷，对于易塌的土体可采用以下措施：

1）对修整后的边壁立即喷上一层薄的砂浆或混凝土，待凝结后再进行钻孔；

2）在作业面上先构筑钢筋网喷混凝土面层，而后进行钻孔并设置土钉；

3）在水平方向上分小段间隔开挖；

4）先将作业深度上的边壁做成斜坡，待钻孔并设置土钉后再清坡；

5）在开挖前，沿开挖面垂直击入钢筋或钢管，或注浆加固土体（图 4.1.2）。

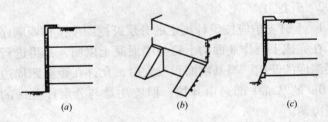

(a)　　　　　　　　(b)　　　　　　　　(c)

图 4.1.2　易塌土层的施工措施

（a）先喷浆护壁后钻孔置钉；（b）水平方向分小段间隔开挖；
（c）预留斜坡设置土钉后清坡

4.1.3　排水系统

1. 土钉支护宜在排除地下水的条件下进行施工，应采取恰当的排水措施包括地表排水，支护内部排水，以及基坑排水，以避免土体处于饱和状态并减轻作用于面层上的静水压力。

2. 基坑四周支护范围内的地表应加修整，构筑排水沟和水泥砂浆或混凝土地面，防止地表降水向地下渗透。靠近基坑坡顶宽 2~4m 的地面应适当垫高，并且里高外低，便于迁流远离边坡。

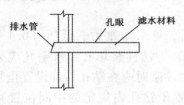

图 4.1.3　面层背部排水

3. 在支护面层背部应插入长度为 400~600mm、直径不小于 40mm 的水平排水管，其外端伸出支护面层，间距可为 1.5~2m，以便将喷混凝土面层后的积水排出（图 4.1.3）。

4. 为了排除积聚在基坑内的渗水和雨水，应在坑底设置排水沟及集水坑。排水沟应离开边壁 0.5~1m，排水沟及集水坑宜用砖砌并用砂浆抹面以防止渗水，坑中积水应及时抽出。

4.1.4　土钉设置

1. 土钉成孔前，应按设计要求定出孔位并作出标记和编号。孔位的允许偏差不大于 150mm，钻孔的倾角误差不大于 3°，孔径允许偏差 +20mm/ −5mm，孔深允许偏差 +200mm/ −50mm。成孔过程中遇有障碍物需调整孔位时，不得影响支护安全。

2. 成孔过程中应做好成孔记录，按土钉编号逐一记载取出的土体特征、成孔质量、事故处理等。应将取出的土体与初步设计时所认定的加以对比，有偏差时应及时修改土钉的设计参数。

3. 钻孔后应进行清孔检查，对孔中出现的局部渗水塌孔或掉落松土应立即处理，成孔后应及时安设土钉钢筋并注浆。

71

4. 土钉钢筋置入孔中前，应先设置定位支架，保证钢筋处于钻孔的中心部位，支架沿钉长的间距为 2~3m，支架的构造应不妨碍注浆时浆液的自由流动，支架可为金属或塑料件。

5. 土钉钢筋置入孔中后，可采用重力、低压（0.4~0.5MPa）或高压（1~2MPa）方法注浆填孔，水平孔应采用低压或高压方法注浆。压力注浆时应在钻孔口部设置止浆塞（如为分段注浆，止浆塞置于钻孔内规定的中间位置），注满后保持压力 3~5min，重力注浆以满孔为止，但在初凝前需补浆 1~2 次。

6. 对于下倾的斜孔采用重力或低压注浆时宜采用底部注浆方式，注浆导管底端应先插入孔底，在注浆同时将导管以匀速缓慢撤出，导管的出浆口应始终处在孔中浆体的表面以下，保证孔中气体能全部逸出。

7. 对于水平钻孔，应用口部压力注浆或分段压力注浆，此时需配排气管与土钉钢筋绑牢，在注浆前与土钉钢筋同时送入孔中。

8. 向孔内注入浆体的充盈系数必须大于1。每次向孔内注浆时，宜预先计算所需的浆体体积并根据注浆泵的冲程数求出实际向孔内注入的浆体体积，以确认实际注浆量超过孔的体积。

9. 注浆用水泥砂浆的水灰比不宜超过 0.4~0.45，当用水泥净浆时水灰比不宜超过 0.45~0.5，并宜加入适量的速凝剂等外加剂用以促进早凝和控制泌水。施工时当浆体工作度不能满足要求时可外加高效减水剂，不准任意加大用水量。浆体应搅拌均匀并立即使用，开始注浆前、中途停顿或作业完毕后须用水冲洗管路。

10. 用于注浆的砂浆强度用 70.7 × 70.7 × 70.7（mm）立方体试件经标准养护后测定，每批至少留取 3 组（每组 3 块）试件，给出 3 天和 28 天强度。

11. 当土钉钢筋端部通过锁定筋与面层内的加强筋及钢筋网连接时，其相互之间应可靠焊牢，当土钉端部通过其他形式的焊接件与面层相连时，应事先对焊接强度作出检验。当土钉端部通过螺纹、螺母、垫板与面层连接时，宜在土钉端部约 600 ~ 800mm 的长度段内，用塑料包裹土钉钢筋表面使之形成自由段，以便于喷射混凝土凝固后拧紧螺母，垫板与喷混凝土面层之间的空隙用高强水泥砂浆填平。

12. 土钉支护成孔和注浆工艺的其他要求与注浆锚杆相同，可参照《土层锚杆设计与施工规范》CECS 22:90。

4.1.5 喷混凝土面层

1. 在喷射混凝土前，面层内的钢筋网片应牢固固定在边壁上并符合规定的保护层厚度要求，钢筋网片可用插入土中的钢筋固定，在混凝土喷射下应不出现振动。

2. 钢筋网片可用焊接或绑扎而成，网格允许偏差为 ± 10mm。钢筋网铺设时每边的搭接长度应不小于一个网格边长或 200mm，如为搭接焊则焊接长不小于网筋直径的 10 倍。

3. 喷射混凝土配合比应通过试验确定，粗骨料最大粒径不宜大于 12mm，水灰比不宜大于 0.45，并应通过外加剂来调节所需工作度和早强时间。

4. 当采用干法施工时，应事先对操作手进行技术考核，保证喷射混凝土的水灰比和质量能达到要求。喷射混凝土前，应对机械设备、风、水管路和电路进行全面检查及试运转。

5. 喷射混凝土的喷射顺序应自下而上，喷头与受喷面距离宜控制在 0.8 ~ 1.5m 范围内，射流方向垂直指向喷射面，但在钢筋部位，应先喷填钢筋后方，然后再喷填钢筋前方，防止在钢筋背面出现空隙。

6. 为保证施工时的喷射混凝土厚度达到规定值，可在边壁面上垂直打入短的钢筋段作为标志。当面层厚度超过 100m 时，应分二次喷射，每次喷射厚度宜为 50 ~ 70mm。在继续进行下步喷射混凝土作业时，应仔细清除预留施工缝接合面上的浮浆层和松散碎屑，并喷水使之潮湿。

7. 喷射混凝土终凝后 2 小时，应根据当地条件，采取连续喷水养护 5 ~ 7 天，或喷涂养护剂。

8. 喷射混凝土强度可用边长 100mm 立方试块进行测定。制作试块时应将试模底面紧贴边壁，从测向喷入混凝土，每批至少留取 3 组（每组 3 块）试件。

9. 土钉支护喷射混凝土的其他要求可参照《喷射混凝土施工技术规程》YBJ 226—91。

4.2 土钉现场测试

4.2.1 土钉支护施工必须进行土钉的现场抗拔试验，应在专门设置的非工作钉上进行抗拔试验直至破坏，用来确定极限荷载，并据此估计土钉的界面极限粘结强度。

4.2.2 每一典型土层中至少应有 3 个专门用于测试的非工作钉。测试钉除其总长度和粘结长度可与工作钉有区别外，应与工作钉采用相同的施工工艺同时制作，其孔径、注浆材料等参数以及施工方法等应与工作钉完全相同。测试钉的注浆粘结长度不小于工作钉的二分之一且不短于 5m，在满足钢筋不发生屈服并最终发生拔出破坏的前提下宜取较长的粘

74

结段，必要时适当加大土钉钢筋直径。为消除加载试验时支护面层变形对粘结界面强度的影响，测试钉在距孔口处应保留不小于1m长的非粘结段。在试验结束后，非粘结段再用浆体回填。

4.2.3 土钉的现场抗拔试验宜用穿孔液压千斤顶加载，土钉，千斤顶，测力杆三者应在同一轴线上，千斤顶的反力支架可置于喷射混凝土面层上，加载时用油压表大体控制加载值并由测力杆准确予以计量。土钉的（拔出）位移量用百分表（精度不小于0.02mm，量程不小于50mm）测量，百分表的支架应远离混凝土面层着力点。

4.2.4 测试钉进行抗拔试验时的注浆体抗压强度不应低于6MPa。试验采用分级连续加载，首先施加少量初始荷载（不大于土钉设计荷载的1/10）使加载装置保持稳定，以后的每级荷载增量不超过设计荷载的20%。在每级荷载施加完毕后立即记下位移读数并保持荷载稳定不变，继续记录以后1min、6min、10min位移读数。若同级荷载下10min与1min的位移增量小于1mm，即可立即施加下级荷载，否则应保持荷载不变继续测读15、30、60min时的位移。此时若60min与6min的位移增量小于2mm，可立即进行下级加载，否则即认为达到极限荷载。

　　根据试验得出的极限荷载，可算出界面粘结强度的实测值。这一试验平均值应大于设计计算所用标准值的1.25倍，否则应进行反馈修改设计。

4.2.5 极限荷载下的总位移必须大于测试钉非粘结长度段土钉弹性伸长理论计算值的80%，否则这一测试数据无效。

4.2.6 上述试验也可不进行到破坏，但此时所加的最大试验荷载值应使土钉界面粘结应力的计算值（按粘结应力沿粘结长度均匀分布算出）超出设计计算所用标准值的 1.25 倍。

4.3 施 工 监 测

4.3.1 土钉支护的施工监测至少应包括下列内容：

1. 支护位移的量测。

2. 地表开裂状态（位置、裂宽）的观察。

3. 附近建筑物和重要管线等设施的变形测量和裂缝观察。

4. 基坑渗、漏水和基坑内外的地下水位变化。

在支护施工阶段，每天监测不少于 1～2 次；在完成基坑开挖、变形趋于稳定的情况下可适当减少监测次数。施工监测过程应持续至整个基坑回填结束、支护退出工作为止。

4.3.2 对支护位移的量测至少应有基坑边壁顶部的水平位移与垂直沉降，测点位置应选在变形最大或局部地质条件最为不利的地段，测点总数不宜小于 3 个，测点间距不宜大于 30m。当基坑附近有重要建筑物等设施时，也应在相应位置设置测点。宜用精密水准仪和精密经纬仪。必要时还可用测斜仪量测支护土体的水平位移，用收敛计监测位移的稳定过程等。在可能情况下，宜同时测定基坑边壁不同深度位置处的水平位移，以及地表离基坑边壁不同距离处的沉降，给出地表沉降曲线。

4.3.3 应特别加强雨天和雨后的监测，以及对各种可能危及支护安全的水害来源（如场地周围生产、生活排水，上下水道、贮水池罐、化粪池渗漏水，人工井点降水的排水，因开挖后土体变形造成管道漏水等）进行仔细观察。

4.3.4 在施工开挖过程中，基坑顶部的测向位移与当时的开挖深度之比如超过 3‰（砂土中）和 3‰~5‰（一般黏性土中）时，应密切加强观察、分析原因并及时对支护采取加固措施，必要时增用其他支护方法。

4.4 施工质量检查与工程验收

4.4.1 土钉支护的施工应在监理的参与下进行。施工监理的主要任务是随时观察和检查施工过程，根据设计要求进行质量检查，并最终参与工程的验收。

4.4.2 土钉支护施工所用原材料（水泥、砂石、混凝土外加剂、钢筋等）的质量要求以及各种材料性能的测定，均应以现行的国家标准为依据。

4.4.3 支护的施工单位应按施工进程及时向施工监理和工程的发包方提出以下资料：

1. 工程调查与工程地质勘察报告及周围的建筑物、构筑物、道路、管线图。

2. 初步设计施工图。

3. 各种原材料的出厂合格证及材料试验报告。

4. 工程开挖记录。

5. 钻孔记录（钻孔尺寸误差、孔壁质量以及钻取土样特征等）。

6. 注浆记录以及浆体的试件强度试验报告等。

7. 喷混凝土记录（面层厚度检测数据，混凝土试件强度试验报告等）。

8. 设计变更报告及重大问题处理文件，反馈设计图。

9. 土钉抗拔测试报告。

10. 支护位移、沉降及周围地表、地物等各项监测内容的量测记录与观察报告。

4.4.4 支护工程竣工后，应由工程发包单位、监理和支护的施工单位共同按设计要求进行工程质量验收，认定合格后予以签字。工程验收时，支护施工单位应提供竣工图以及第4.4.3条所列的全部资料。

4.4.5 在支护竣工后的规定使用期限内，支护施工单位应继续对支护的变形进行监测。

4.4.6 在《建筑基坑支护技术规程》JGJ 120—99 对土钉施工与检测的规定：

1. 上层土钉注浆体及喷射混凝土面层达到设计强度的70%后方可开挖下层土方及下层土钉施工。

2. 基坑开挖和土钉墙施工应按设计要求自上而下分段分层进行。在机械开挖后，应辅以人工修整坡面，坡面平整度的允许偏差宜为±20mm，在坡面喷射混凝土支护前，应清除坡面虚土。

3. 土钉墙施工可按下列顺序进行：

1）应按设计要求开挖工作面，修整边坡，埋设喷射混凝土厚度控制标志；

2）喷射第一层混凝土；

3）钻孔安设土钉、注浆，安设连接件；

4）绑扎钢筋网，喷射第二层混凝土；

5）设置坡顶、坡面和坡脚的排水系统。

4. 土钉成孔施工宜符合下列规定：

1）孔深允许偏差±50mm；

2）孔径允许偏差±5mm；

3）孔距允许偏差±100mm；

4）成孔倾角偏差±5%。

5. 喷射混凝土作业应符合下列规定：

1）喷射作业应分段进行，同一分段内喷射顺序应自下而上，一次喷射厚度不宜小于40mm；

2）喷射混凝土时，喷头与受喷面应保持垂直，距离宜为0.6～1.0m；

3）喷射混凝土终凝2h后，应喷水养护，养护时间根据气温确定，宜为3～7h。

6. 喷射混凝土面层中的钢筋网铺设应符合下列规定：

1）钢筋网应在喷射一层混凝土后铺设，钢筋保护层厚度不宜小于20mm；

2）采用双层钢筋网时，第二层钢筋网应在第一层钢筋网被混凝土覆盖后铺设；

3）钢筋网与土钉应连接牢固。

7. 土钉注浆材料应符合下列规定：

1）注浆材料宜选用水泥浆或水泥砂浆；水泥浆的水灰比宜为0.5，水泥砂浆配合比宜为1:1～1:2（重量比），水灰比宜为0.38～0.45；

2）水泥浆、水泥砂浆应拌合均匀，随拌随用，一次拌合的水泥浆、水泥砂浆应在初凝前用完。

8. 注浆作业应符合以下规定：

1）注浆前应将孔内残留或松动的杂土清除干净；注浆开始或中途停止超过30min时，应用水或稀水泥浆润滑注浆泵及其管路；

2）注浆时，注浆管应插至距孔底250～500mm处，孔口部位宜设置止浆塞及排气管；

3）土钉钢筋应设定位支架。

9. 土钉墙应按下列规定进行质量检测：

1）土钉采用抗拉试验检测承载力，同一条件下，试验数量不宜少于土钉总数的1%，且不应少于3根；

2）墙面喷射混凝土厚度应采用钻孔检测，钻孔数宜每100m² 墙面积一组，每组不应少于3点。

5 内 支 撑

5.1 内支撑施工基本要求

5.1.1 支撑结构的安装与拆除顺序，应同基坑支护结构的设计计算工况一致。必须严格遵守先支撑后开挖的原则。

5.1.2 立柱穿过主体结构底板以及支撑结构穿越主体结构地下室外墙的部位，应采用止水构造措施。

5.1.3 钢支撑的端头与冠梁或腰梁的连接应符合以下规定：

1. 支撑端头应设置厚度不小于 10mm 的钢板作封头端板，端板与支撑杆件满焊，焊缝厚度及长度能承受全部支撑力或与支撑等强度，必要时，增设加劲肋板；肋板数量，尺寸应满足支撑端头局部稳定要求和传递支撑力的要求。

2. 支撑端面与支撑轴线不垂直时，可在冠梁或腰梁上设置预埋铁件或采取其他构造措施以承受支撑与冠梁或腰梁间的剪力。

5.1.4 钢支撑预加压力的施工应符合下列要求：

1. 支撑安装完毕后，应及时检查各节点的连接状况，经确认符合要求后方可施加预压力，预压力的施加应在支撑的两端同步对称进行。

2. 预压力应分级施加，重复进行，加至设计值时，应再次检查各连接点的情况，必要时应对节点进行加固，待额定压力稳定后锁定。

5.2 内支撑施工具体要求

5.2.1 采用内支撑的基坑必须按"由上而下，先撑后挖"的原则施工，设置好的内支撑受力状况必须和设计计算的工况一致。

5.2.2 有立柱的内支撑体系必须保证立柱的埋设深度和垂直度，立柱设置应满足穿越地下室底板部位的防水构造要求，以及支撑的连接构造要求。采用钢立柱时应避免在负荷状态下对立柱主体施焊。

5.2.3 在设置围檩部位，应凿去支护结构表面的软弱部分，露出坚实的混凝土。采用钢围檩时还需在围檩与支护结构件之间充填适当厚度的强度等级 C20 以上的混凝土，或采取其他有效措施，保证支撑力的均匀传递。

5.2.4 钢支撑的构件制作应符合《钢结构工程施工质量验收规范》GB 50205 和《建筑钢结构焊接规程》JGJ 81 的有关规定。安装的焊接应选择合理的工艺，避免出现过大的焊接应力和变形。钢支撑体系的制作及安装误差应符合表5.2.4 的规定。

钢支撑系统的制作及安装允许误差　　表 5.2.4

序号	项 目		允许偏差	备 注
1	构件制作	截面尺寸	±5mm	
2		截面扭曲	≤8mm	
3		轴线弯曲矢高	$f \leqslant L/1000 \leqslant 12mm$	L：构件长

序号	项 目		允许偏差	备 注
4	安装	立柱中线偏差	≤30mm	
5		立柱顶标高	±20mm	
6		立柱垂直度偏差	≤H/500 ≤30mm	H：基坑开挖深度
7		支撑轴线偏移	≤15mm	
8		支撑挠曲矢高	f≤L/750≤30mm	L：立柱或支点间距
9		支撑截面不垂直度	≤20mm	

5.2.5 采用钢斜撑的基坑应在支护结构内侧留下一定高度和宽度的护壁土，基坑中部则挖至设计标高，浇灌加厚垫层或承台，然后分段间隔开挖出斜撑位置，安置斜撑，再挖该斜撑所在段的护壁土，浇灌垫层。

在斜撑穿越底板及外墙部位，必须先焊好止水片，或采用其他止水措施。严禁在处于负荷状态的斜撑上施焊。

5.2.6 钢支撑的安装和工作期间应注意以下事项：

1. 有立柱时先焊好立柱支撑托架，再依次安装角撑、横向（短方向）水平支撑、纵向水平支撑。

2. 支撑就位后用钢楔或特制的带千斤顶的工具式支撑头，使支撑与围檩紧密接触，锁紧支撑连接螺栓。

3. 钢支撑的施工与使用过程中均应考虑气温变化对支撑工作状态的影响，应对钢支撑内力进行监控，随时调整钢楔或支撑头，使支撑与围檩保持紧密接触状态，并防止升温引起的附加应力造成破坏。

5.2.7 钢筋混凝土支撑应按下列顺序施工：

1. 开挖至混凝土支撑下垫层标高。

2. 平整、压实支撑部位的地基，浇灌混凝土垫层或者砌筑混凝土支撑的胎模。

3. 施工钢筋混凝土支撑，若考虑爆破拆除则宜预先留设药眼。

4. 养护至设计规定强度，在对混凝土支撑妥善保护的条件下开挖至下一层混凝土支撑的垫层标高。

5. 重复以上工序，直至土方开挖完毕。

5.2.8 钢筋混凝土支撑施工除允许误差按表5.2.8的规定外，其余各项均应执行《混凝土结构工程施工质量验收规范》GB 50204 的有关规定。

钢筋混凝土支撑的允许偏差　　　　表5.2.8

序号	项　目	允许偏差	备　注
1	立柱中线偏差	≤40mm	
2	立柱垂直度	≤H/500≤30mm	H：基坑开挖深度
3	立柱顶标高	±20mm	
4	支撑轴线偏移	≤20mm	
5	支撑截面尺寸	+15mm，−10mm	

5.2.9 拆除支撑应有安全换撑措施，由下而上逐层进行。拆除下层支撑时严禁损伤支护结构本体、立柱和上层支撑，吊运拆下的支撑构件时不得碰撞支撑系统及结构工程。

5.2.10 当对钢筋混凝土支撑结构或对钢支撑焊缝施工质量有怀疑时，可采用超声探伤无损方法检测。

5.3 钢支撑施工工艺标准

5.3.1 总 则

1. 适用范围

本工艺标准适用于建筑深基坑支护结构型钢内支撑的施工。支撑系统包括围檩及支撑，当支撑较长时（一般不超过15m），还包括支撑下的立柱及相应的立柱桩。

2. 编制依据

（1）《建筑工程施工质量验收统一标准》GB 50300；

（2）《钢结构工程施工及验收规范》GB 50205；

（3）《建筑钢结构焊接技术规范》JGJ 81；

（4）《钢结构设计规范》GB 50017。

5.3.2 施工准备

1. 技术准备

1）施工文件、资料准备与核查，在施工前专业工程师组织施工技术骨干，对施工工艺使用的施工图纸和相关施工技术文件、资料进行核查，主要核查内容包括：支撑系统设计计算书及施工图等设计文件是否齐全、出图手续是否合规、完善；与相关专业的协调性；满足规范规定的符合性；施工的可行性；对核查出的问题，应经项目部或上一级的技术负责人技术核定或答复后，才应进行施工。并明确材料规格及相关的技术措施，确定土方开挖的形式和要求；

2）专业工程师负责编制施工方案，施工方案经集团技术中心等审批后实施；

3）专业工程师编制钢支撑工程技术质量、安全交底书，经项目负责人审批后，组织进行向施工班组交底，并办理签

85

字手续；

4）钢支撑工程所采用的钢管、型钢、电焊条、引弧板等材料应有产品合格证书和性能检验报告，材料的品种、规格、性能等应符合现行国家产品标准和设计要求。材料进场后，应进行复检，不合格的材料，不得在钢支撑工程中使用；

5）专业工程师向班组进行技术交底的内容包括：施工部位、施工顺序、施工工艺、构造层次、节点安装方法，工程质量标准，保证质量的技术措施，成品保护措施和安全注意事项。

2. 材料要求

1）型钢：工字钢、槽钢等，按设计要求选用，其质量应符合相应的产品标准；

2）钢管：按设计要求选用，其质量应符合相应产品标准《低合金钢焊条》；

3）电焊条：按设计要求选用，其质量应符合现行国家标准《碳钢焊条》GB/T 5117、《低合金钢焊条》GB/T 5118的规定；

4）引弧板：选用与焊接母材相同的材料。当钢管选用15MnV 时，采用 E5015 焊条。

3. 主要机具

主要机具包括吊车、电焊机、千斤顶、液压油泵、焊条烘箱等。

4. 作业条件

1）支护结构（桩或地下连续墙）施工完毕并验收合格；

2）基坑土方开挖满足首层钢支撑施工条件；

3）立柱施工完毕；

4）支撑运输、拼装条件具备。吊装机械通道、作业场地加固均达到施工要求；

5）钢支撑工程的安装由经资质审查合格的专业钢结构队伍进行施工，操作工人均有相应的上岗操作证；

6）作业班组相关准备工作已完毕。

5. 交接检查验收

1）支护结构（桩或地下连续墙）施工完毕并验收合格后，专业工程师应组织钢支撑班班长进行验收，并办理交接手续；

2）应建立各道工序的自检、交接检和专职人员检查的"三检"制度，并有完整的检验记录。每道工序完成，应经监理单位（或建设单位）检查验收，合格后方可进行下道工序的施工。

5.3.3 施工工艺

1. 工艺流程立柱、钢围檩施工、型钢支撑加工、型钢支撑拼装、施加预顶力形成支撑体系监测、下部支撑施工、支撑拆除。

2. 操作工艺

1）钢支撑加工

（1）设计图纸加工钢支撑。钢支撑连接必须满足等强度连接要求，应有节点构造图，接头宜设在跨度中央 1/3～1/4 范围内。焊接工艺和焊缝质量应符合国家现行标准《建筑钢结构焊接技术规程》JGJ 81 的规定。

（2）焊接拼装按工艺一次进行，当有隐蔽焊接时，必须先施焊，经检验合格后方可覆盖。

（3）加工好的型钢支撑应在加工场所进行质量验收，并编号码放。

（4）钢支撑长度较长时，可分段制作，组装可采用法兰螺栓连接。

2）柱、钢围檩施工

（1）立柱通常由型钢组合而成。立柱施工采用机械钻孔至基底标高，孔内放置型钢立柱，经测量定位、固定后浇筑混凝土，使其底部形成型钢混凝土柱。施工时保证型钢嵌固深度，确保立柱稳定。立柱施工应严格控制柱顶标高和轴线位置。

（2）围檩通常由型钢和钢缀板焊接而成。钢围檩通过牛腿固定到围护结构。牛腿与围护结构通过高强度膨胀螺栓或预埋钢件焊接连接与钢围檩焊为一体。

（3）当支护结构为连续墙时可不设钢围檩，型钢直接支撑在连续墙预埋钢板上；当支撑在帽梁上时也可取消钢围檩。

3）钢支撑拼装

（1）待支护结构立柱、钢围檩施工验收完毕，并且土方开挖至设计支撑拼装高程，开始进行刚支撑拼装，采用吊车分段将钢支撑吊放至设计标高，并按照节点详图进行拼装。

（2）将钢支撑一端焊接在钢围檩上，另一端通过活接头顶在钢围檩上。

（3）钢支撑拼装组装时要求两端高程一致，水平方向不扭转，轴心成一直线。

4）加预顶力形成支撑体系

（1）施加预顶力应根据设计轴力选用液压油泵和千斤顶，油泵与千斤顶需经标定。

（2）支撑安装完毕后应及时检查各节点的连接状况，经确认符合要求后方可施加预顶力。

（3）钢支撑施加预顶力时应在支撑两侧同步堆成分级加载，每级为设计值 10%，加载时应进行变形观测。如发现实际变形值超过设计变形值时，应立即停止加荷，与设计单位研究处理。

（4）钢支撑预顶锁定后，支撑端头与钢围檩或预埋钢板应焊接固定。

（5）为确保钢支撑整体稳定性，各支撑之间通常采用连接杆件联系，系杆可用小断面工字钢或槽钢组合而成，通过钢箍与支撑连接固定。

5）监测

（1）钢支撑水平位移观测：主要适用经纬仪或全站仪，观测点埋设在同一支撑固定端与活端头处。

（2）钢支撑挠曲变形检测：包括水平挠曲变形和竖向挠曲变形，观测点设在端部及跨中，跨度较大的支撑杆件应适当增加测点。

（3）立柱竖向变形监测：测点布设在立柱顶部，使用水准仪进行监测。

（4）水平位移、挠曲变形、立柱竖向变形监测在基坑支护过程中应每天测量一次，基坑土方开挖至基槽底、基坑变形稳定后，根据实际情况确定观测频率。

（5）钢支撑的轴力监测：a. 钢支撑轴力测试采用测力计，测力计安装在钢支撑活接头一端，每层均应布设测力计；b. 轴力测试前对测力计进行校验并读初始数值，开始时每天读两次，土方开挖至槽底，可三天或一周读一次。

（6）对各项检测记录应随时进行分析，当变形数值过大或变形速率过快时，应及时采取措施，确保基坑支护安全。

下部支撑施工同以上步骤。支撑拆除应按照施工方案规定的顺序进行，拆除顺序应与支撑结构的设计计算工况相一致。

5.3.4 质量标准与控制

1. 支撑系统所用钢材的材质应符合现行国家标准《钢结构工程施工质量验收规范》GB 50205 的要求。焊接质量应符合国家现行标准《建筑钢结构焊接技术规程》JGJ 81 的规定。

2. 钢支撑系统工程质量检验标准应符合规范的规定。

3. 质量控制掌握开挖及支撑设置的方式、预应力及周围环境保护的要求。

1）施工前应熟悉支撑系统的图纸及各种计算工况；

2）施工过程中应严格控制开挖和支撑的程序和时间，对支撑的位置（包括立柱及立柱桩的位置）每层开挖深度、预加顶力（如需要时）、钢围檩与支护体或支撑与围檩的密贴度应做周密检查；

3）型钢支撑安装时必须严格控制平面位置和高程，以确保支撑系统安装符合设计要求；

4）应严格控制支撑系统的焊接质量，确保杆件连接强度符合设计要求；

5）支护结构出现渗水、流砂或开挖面一下冒水，应及时采取止水堵漏措施，土方开挖应均衡进行，以确保支撑系统稳定；

6）施工中应加强监测，做好信息反馈，出现问题及时处理。全部支撑安装结束后，需维持整个系统的安全可靠，直至支撑全部拆除；

7）密切关注支撑的受力情况，并由监测小组进行轴力监测，若超出设计值时，立即停止施工并通知设计及相关部门对异常情况进行分析，制定解决方案，待方案确定后及时组织实施，确保基坑安全。

5.3.5 成品保护与移交

1. 支撑安装就位后，不准撞砸焊接接头，不准在刚焊完的钢材上浇水。

2. 焊接时不准随意在焊缝外的母材上引弧。

3. 土方开挖应严格遵守"分层开挖"的原则，挖土和吊放施工材料时严禁碰撞钢支撑。

5.3.6 环境、职业健康安全措施

1. 一般要求

1）按照公司发布的《实施性施工组织设计、方案管理规定》《施工方案编制导则》认真编制、审批和实施支护工程施工方案，并按规定做好施工安全技术交底，严格按照《建筑施工安全检查标准》JGJ 59 的规定，认真进行安全检查、监督和管理；

2）所有施工人员必须戴好安全帽，并正确使用个人劳动防护用品；

3）禁止穿拖鞋、赤脚进入现场参加操作。现场禁止吸烟；

4）特殊工种（电焊工、气割工、信号工等）必须持证上岗；

5）现场用电必须符合三级配电两级保护要求，电气设备故障由电工负责处理，其他人员不得乱动，以防止触电事故发生。严禁非电工人员从事电工操作；

6）高空作业必须系好安全带。

2. 钢支撑加工安全措施及注意事项

1）钢支撑加工必须严格执行技术交底，不得擅自更改；

2）钢支撑法兰盘应与钢管轴线垂直，焊缝应饱满，焊接强度达到设计要求；

3）用吊车移动钢支撑时应有专人指挥，并提醒其他正在工作的工人，防止支撑移动过程中，支撑转动伤人；

4）钢支撑加工焊接前应清除四周易燃易爆物品，焊接过程中做好防火工作；

5）焊接支撑钢构件，焊工应经过培训考试，合格后进行安全教育和安全交底后方可上岗施焊，焊接设备外壳必须接地或接零；焊接电缆，焊钳连接部分，应有良好的接触和可靠的绝缘，焊机前应设漏电保护开关，装拆焊接设备与电力网连接部分时，必须切断电源，焊工操作时必须穿戴防护用品，如工作服、手套、胶鞋，并保持干燥和完好；

6）焊接时必须戴内有滤光玻璃的防护面罩，焊接工作场所应有良好的通风、排气装置，并有良好的照明设施，操作时严禁拖拉焊枪，电动工具均应设触电保护器，高空焊接工应系安全带，随身工具及焊条均应放在专门背带中，在同一作业面下交叉作业处，应设安全隔离措施。

3. 钢支撑和钢围檩安装安全技术措施及注意事项

1）严格遵循"边挖边撑"的原则，禁止一次开挖深度过高；

2）钢围檩安装前，应事先在岩壁上标出位置，确保钢围檩安装后在一个水平面上；

3）钢围檩支撑托架安装应牢固，防止钢围檩安装过程中出现塌架事故；

4）钢围檩安装前，应事先将围护桩凿出，并将岩壁找平，使岩壁和露出的围护桩在一个平面上，确保钢支撑加力后，钢围檩与岩面和桩面无空隙；

5）在吊装钢构件如支撑、围檩、型钢、板材时，应先制定吊装方案，进行安全技术教育和交底，学习吊装操作规程，明确吊装程序，了解施工场地布置状况，了解吊装人员应经身体检查，年老体弱和患有高血压心脏病等不适合高空作业的不得上岗，吊装人员应戴安全帽，吊装工作开始前，应对超重运输吊装设备、吊环、夹具进行检查，应对钢丝绳定期进行检查确保安全。提升或下降要平稳，尽量避免冲击、碰撞现象，不准拖吊；

6）起吊钢丝绳应绑牢，吊索要保持垂直，以免拉断绳索，起吊重型构件，必须用牵引绳，不得超负荷作业，吊装时应有专人指挥，使用统一信号，起重司机必须按信号进行工作；

7）钢支撑安装时，斜支撑端头必须设可靠防滑措施；

8）钢围檩和钢支撑吊装过程中注意保护上道支撑，严禁撞击；

9）钢支撑安装完毕，必须经技术人员检查合格后，方准预加应力；

10）加力前，应确保加力设备的仪表、油管、油管接头完好；

11）加力过程中，应缓慢进行；待应力加到设计值时，焊接抱箍，然后松开千斤顶。防止突然松开千斤顶，钢楔弹出伤人；

12）应设专人对钢支撑的变形及受力情况进行量测，及时分析数据，发现异常时，及时采取应对措施，并上报项目部相关部门或主管领导，确保结构和人员安全；

13）钢围檩及钢支撑吊装和钢支撑预加应力时，班组长和安全员必须全过程跟班作业。

5.3.7 文明与绿色施工措施

1. 文明施工措施

1）材料堆放、施工操作等应符合《施工总平面图》、《安全文明施工方案》、《绿色施工方案》等的要求；

2）做到工完场清，材料回收及时，不用的钢材、零件应归类堆放。

2. 绿色施工措施，对钢材和配套材料的存放，必须专人专库，收发应有记录。

1）严格执行该工程《绿色施工方案》；

2）钢材加工应在加工场加工，对加工的余料进行回收，焊接时的焊条、焊渣等垃圾及时分类回收；

3）结构连接尽量采用法兰螺栓连接，实现回收利用最大化；

4）焊接加工时距焊接点1.5m周围设置铁皮瓦遮挡，其高度高于焊接点1.8m，防止光污染；

5）所有钢结构均采取防腐措施，防止锈蚀损坏；

6）划分场地，按钢构件用途分类堆放；

7）对拆下的钢支撑材料要有专人统计和保管，做到尺寸和型号明确，以备下次使用。

5.3.8 质量记录

1. 原材料的质量合格和质量鉴定。

2. 施工记录及隐蔽工程验收记录。

3. 质量记录表附件表。

6 高压喷射注浆（旋喷桩）

6.1 一般规定

6.1.1 高压喷射注浆法适用于处理淤泥、淤泥质土、流塑、软塑或可塑黏性土、粉土、砂土、黄土、素填土和碎石土等地基。当土中含有较多的大粒径块石、大量植物根茎或有较多的有机质时，以及地下水流速过大和已涌水的工程，应根据现场试验结果确定其适用性。

6.1.2 高压喷射注浆法可用于既有建筑和新建建筑地基加固，深基坑、地铁等工程的土层加固或防水。

6.1.3 高压喷射注浆法分旋喷、定喷和摆喷三种类别。根据工程需要和土质条件，可分别采用单管法、双管法和三管法。加固形状可分为柱状、壁状、条状和块状。

6.1.4 对既有建筑物在制定高压喷射注浆方案时应搜集有关的历史和现状资料、邻近建筑物和地下埋设物等资料。

6.1.5 高压喷射注浆方案确定后，应结合工程情况进行现场试验、试验性施工或根据工程经验确定施工参数及工艺。

6.2 高压喷射注浆施工

6.2.1 施工前应根据现场环境和地下埋设物的位置等情况，复核高压喷射注浆的设计孔位。

6.2.2 高压喷射注浆的施工参数应根据土质条件、加固要求通过试验或根据工程经验确定，并在施工中严格加以控制。单管法及双管法的高压水泥浆和三管法高压水的压力应大于20MPa。

6.2.3 高压喷射注浆的主要材料为水泥，对于无特殊要求的工程，宜采用强度等级为32.5级及以上的普通硅酸盐水泥。根据需要可加入适量的外加剂及掺合料。外加剂和掺合料的用量，应通过试验确定。

6.2.4 水泥浆液的水灰比应按工程要求确定，可取0.8～1.5，常用1.0。

6.2.5 高压喷射注浆的施工工序为机具就位、贯入喷射管、喷射注浆、拔管和冲洗等。

6.2.6 喷射孔与高压注浆泵的距离不宜大于50m。钻孔的位置与设计位置的偏差不得大于50mm。实际孔位、孔深和每个钻孔内的地下障碍物、洞穴、涌水、漏水及与岩土工程勘察报告不符等情况均应详细记录。

6.2.7 当喷射注浆管贯入土中，喷嘴达到设计标高时，即可喷射注浆。在喷射注浆参数达到规定值后，随即分别按旋喷、定喷或摆喷的工艺要求，提升喷射管，由下而上喷射注浆。喷射管分段提升的搭接长度不得小于100mm。

6.2.8 对需要局部扩大加固范围或提高强度的部位，可采用复喷措施。

6.2.9 在高压喷射注浆过程中出现压力骤然下降、上升或冒浆异常时，应查明原因并及时采取措施。

6.2.10 高压喷射注浆完毕，应迅速拔出喷射管。为防止浆液凝固收缩影响桩顶高程，必要时可在原孔位采用冒浆回灌或第二次注浆等措施。

6.2.11 当处理既有建筑地基时，应采用速凝浆液或跳孔喷射和冒浆回灌等措施，以防喷射过程中地基产生附加变形和地基与基础间出现脱空现象。同时，应对建筑物进行变形监测。

6.2.12 施工中应做好泥浆处理，及时将泥浆运出或在现场短期堆放后作土方运出。

6.2.13 施工中应严格按照施工参数和材料用量施工，并如实做好各项记录。

6.3 工程质量检查和验收

6.3.1 高压喷射注浆可根据工程要求和当地经验采用开挖检查、取芯（常规取芯或软取芯）、标准贯入试验、载荷试验或围井注水试验等方法进行检验，并结合工程测试、观测资料及实际效果综合评价加固效果。

6.3.2 检验点应布置在下列部位：

    1. 有代表性的桩位。

    2. 施工中出现异常情况的部位。

    3. 地基情况复杂，可能对高压喷射注浆质量产生影响的部位。

6.3.3 检验点的数量为施工孔数的 1%，并不应少于 3 点。

6.3.4 质量检验宜在高压喷射注浆结束 28d 后进行。

6.3.5 竖向承载旋喷桩地基竣工验收时，承载力检验应采用复合地基载荷试验和单桩载荷试验。

6.3.6 载荷试验必须在桩身强度满足试验条件时，并宜在成桩 28d 后进行。检验数量为桩总数的 0.5% ~ 1%，且每项单体工程不应少于 3 点。

6.3.7 高压喷射注浆地基质量检验标准应符合表 6.3.7 的规定。

高压喷射灌浆质量检验标准　　　　　表 6.3.7

项	序	检查项目	允许偏差或允许值		检查方法
			单位	数值	
主控项目	1	水泥及外掺剂质量	符合出厂要求		查产品合格证书或抽样送检
	2	水泥用量	设计要求		查看流量表及水泥浆水灰比
	3	桩体强度或完整性检验	设计要求		按规定方法
	4	地基承载力	设计要求		按规定方法
一般项目	1	钻孔位置	mm	≤50	用钢尺量
	2	钻孔垂直度	%	≤1.5	经纬仪测钻杆或实测
	3	孔深	mm	±200	用钢尺量
	4	注浆压力	按设定参数指标		查看压力表
	5	桩体搭接	mm	>200	用钢尺量
	6	桩体直径	mm	≤50	开挖后用钢尺量
	7	桩身中心允许偏差		≤0.2D	开挖后桩顶下 500mm 处用钢尺量,D 为桩径

7 钢板桩与钢筋混凝土板桩

7.1 施工与检测

7.1.1 邻近建构筑物及地下管线的板桩围护墙，宜采用静力压桩法施工，并根据检测情况控制压桩速率。

7.1.2 板桩可采用单桩打入、排桩打入、阶梯打入等方法，板桩最后闭合处采用屏风法沉桩。

7.1.3 锤击法沉桩时，应采用重锤低击，并设置桩帽桩垫。

7.1.4 钢板桩施工应符合下列要求：

1. 钢板桩的规格、材质与排列方式应符合设计或施工工艺的要求。钢板桩堆放场地应平整坚实，组合钢板桩堆高不宜超过 3 层。

2. 钢板桩桩体不应弯曲，锁口不应有缺损和变形；后续桩和先打桩间的钢板桩锁扣使用前应通过套锁检查。

3. 桩身接头在同一截面内不应超过 50%，接头焊缝质量应符合相关规范要求。

4. 钢板桩拔出后的空隙应及时注浆充填密实。

7.1.5 混凝土板桩施工应符合下列要求：

1. 混凝土板桩构件强度达到设计强度的 30% 后方可拆模，达到设计强度的 70% 以上方可吊运，达到设计强度的 100% 后方可沉桩。

2. 混凝土板桩打入前应进行桩体外形、裂缝、尺寸等检查。

3. 混凝土板桩的始桩应较一般桩长 2~3m，转角处应设置转角桩。

4. 混凝土桩板间的凹凸榫应咬合紧密。

7.1.6 钢板桩围护墙施工质量检测应符合表7.1.6的要求。

钢板桩围护墙施工质量检测标准　　　　表7.1.6

序　号	检查项目	允许偏差和位移值	
		单　位	数　值
1	成桩垂直度	—	≤1/100
2	桩身弯曲度	—	<2%L（L为桩长）
3	轴线位置	mm	±100
4	桩顶标高	mm	±100
5	桩　长	mm	±100
6	齿槽咬合程度	—	紧　密

7.1.7 混凝土板桩围护墙施工质量检测应符合表7.1.7的要求。

混凝土板桩围护墙施工质量检测标准　　　　表7.1.7

序　号	检查项目	允许偏差和位移值	
		单　位	数　值
1	成桩垂直度	—	≤1/100
2	桩身弯曲度	—	<0.1%L（L为桩长）
3	轴线位置	mm	±100
4	桩顶标高	mm	±100
5	桩　长	mm	±10.0
6	板缝间隙	mm	≤20

100

7.2 钢板桩施工

7.2.1 钢板桩的平面布置应保证轴线平直顺畅,应尽可能避免不规则的转角。有严格交圈合拢要求时,各边尺寸应符合桩的模数,避免使用异形截面桩。

7.2.2 钢板桩使用之前应进行矫正。弯曲、企口不正等用机械方法或火焰校正,局部孔洞用焊接修补,端头矩形比失控时应予以切割修正。

7.2.3 钢板桩长度不大、打设精度要求高时可采用单独打入法;当长度大于等于10m、打设精度要求高时应采用"屏风式"打入法。必要时,在施工过程中设置隔震沟以减小对周边环境的影响。

7.2.4 钢板桩接长可采用剖口对焊或加鱼尾板焊接。相邻桩的焊缝宜间隔设置,错开1m以上。

7.2.5 拔桩前应进行土方回填,尽量使板桩两侧土压力平衡。拔桩设备要同板桩保持一定距离,减小板桩受到的侧向压力。拔桩顺序宜与打桩顺序相反,拔桩后形成的桩孔应及时回填处理。

7.2.6 质量检验应包括下列内容:

1. 外观检验,包括表面缺陷、长度、宽度、厚度、高度、端头矩形比、平直度和企口形状等。

2. 材质检验,主要为力学指标检验,构件的拉伸、弯曲试验,企口强度试验和延伸率试验等。

3. 钢板桩的桩顶标高偏差不大于100mm,垂直度偏差不大于1%。

7.3 拉森钢板桩的施工技术方法

7.3.1 一般要求

1. 钢板桩的设置位置要符合设计要求，便于沟槽基础土方施工，即在基础最突出的边缘外留有支模、拆模的余地。

2. 基坑沟槽钢板桩的支护平面布置形状应尽量平直整齐，避免不规则的转角，以便标准钢板桩的利用和支撑设置。各周边尺寸尽量复合板装模数。

3. 整个基础施工期间，在挖土、吊运、绑扎钢筋、浇筑混凝土等施工作业中，严禁碰撞支撑，禁止任意拆除支撑，禁止在支撑上任意切割、电焊，也不应在支撑上搁置重物。

7.3.2 支护线测量

依据基坑、沟槽开挖设计截面宽度要求，测放出钢板桩打设位置线，用白石灰标示出钢板桩打设位置。

7.3.3 钢板桩进场及堆放场区

按施工进度计划或现场情况组织钢板桩进场的时间，确保钢板桩的施工满足进度要求，钢板桩的堆放位置根据施工要求及场地情况沿支护线分散堆放，避免集中堆放在一起造成二次搬运。

7.3.4 钢板桩施工顺序

钢板桩位置的定位放线—挖沟槽—安装导梁—施打钢板桩—拆除导梁—清理锚杆处标高的土方—挖土—排污管、检查井施工—回填石屑、土方—拔除钢板桩。

7.3.5 钢板桩的检验、吊装、堆放

1. 钢板桩的检验：对钢板桩，一般有材质检验和外观检验，以便对不合要求的钢板桩进行矫正，以减少打桩过程中

的困难。

1) 外观检验：包括表面缺陷、长度、宽度、厚度、端部矩形比、平直度和锁口形状等项内容。需注意：

(1) 对打入钢板桩有影响的焊接件应予以割除；

(2) 割孔、断面缺损的应予以补强处理；

(3) 若钢板桩有严重锈蚀，应测量其实际断面厚度。原则上要对全部钢板桩进行外观质量检查。

2) 材质检验：对钢板桩母材的化学成分及机械性能进行全面试验。包括钢材的化学成分分析，构件的拉伸、弯曲试验，锁口强度试验和延伸率试验等项内容。每一种规格的钢板桩至少进行一个拉伸、弯曲试验；每 20～50t 重的钢板桩应进行两个试件试验。

2. 钢板桩吊运

装卸钢板桩宜采用两点吊装的方法进行操作。吊运时，每次吊起的钢板桩根数不宜过多，并应注意保护锁口避免损伤。吊运方式有成捆起吊和单根起吊。成捆起吊通常采用钢索捆扎，而单根吊运常用专用的吊具。

3. 钢板桩堆放

钢板桩堆放的地点，要选择在不会因压重而发生较大沉陷变形的平坦而坚固的场地上，并便于运往打桩施工现场。堆放时应注意：

1) 堆放的顺序、位置、方向和平面布置等应考虑到以后的施工方面；

2) 钢板桩按型号、规格、长度分别堆放，并在堆放处设置标牌说明；

3) 钢板桩应分层堆放，每层堆放数量一般不超过 5 根，各层间要垫放枕木，垫木间距一般为 3～4m，且上、下层垫木应在同一垂直线上，堆放的总高度不宜超过2m。

7.3.6 导架的安装

1. 在钢板桩施工中，为保证沉桩轴线位置的正确和桩的竖直性，控制桩的打入精度，防止板桩的屈曲变形和提高桩的贯入能力，一般都要设置一定刚度的、坚固的导架，也称"施工围檩"。

2. 导架采用单层双面形式，通常由导梁和围檩桩等组成，围檩桩的间距一般为2.5~3.5m，双面围檩之间的间距不宜过大，一般略比板桩墙厚度大8~15mm，安装导架时应注意以下几点：

（1）采用经纬仪和水平仪控制和调整导梁的位置。

（2）导梁的高度要适宜，要有利于控制钢板桩的施工高度和提高施工工效。

（3）导梁不能随着钢板桩的打设深入而产生下沉和变形等情况出现。

（4）导梁的位置应尽量垂直，并不能与钢板桩产生碰撞。

7.3.7 钢板桩施打

拉森钢板桩施工关系到施工止水和安全，是本工程施工最关键的工序之一，在施工中要注意以下施工要求：

1. 拉森钢板桩采用履带式挖土机施打，施打前一定要熟悉地下管线、构筑物的情况，认真放出准确的支护桩中线；

2. 打桩前，对钢板桩逐根进行检查，剔除连接锁扣处的锈蚀、变形严重的钢板桩，待修整合合格后才可使用，整修后还不合格的禁用；

3. 打桩前，可在钢板桩的锁口内涂抹油脂，以方便钢板桩的打入、拔出；

4. 在钢板桩插打过程中，随着测量监控每块桩的斜度不超过2%，当偏斜过大不能用拉齐方法调正时，必须拔起重打；

5. 密扣且保证开挖后入土不小于2m，保证钢板桩顺利合拢；特别是检查井位的四个角要使用转角钢板桩，若没有此类钢板桩，则用旧轮胎或烂布塞缝等辅助措施密封好，避免由于漏水带走泥沙，造成地面塌陷；

6. 为了避免沟槽土方开挖后，侧向土压力将钢板桩挤倒，钢板桩施打完毕后，用 H200×200×11×19mm 的工字钢将明渠两侧的拉森钢板桩分别连成整体，位置在桩顶以下约1.5m左右的地方，用电焊条将其焊牢，然后每隔5m用空心圆形钢材（200×12mm），加以特制的活动节将两侧的钢板桩对称支撑。支撑时活动节的螺母必须拧紧，保证拉森钢板桩的垂直度及沟槽开挖工作面；

7. 在基础沟槽开挖过程中，随时观察钢板桩的变化情况，若有明显的倾覆或隆起状态，立即在倾覆或隆起的部位增加对称支撑。

7.3.8 钢板桩的拔除

1. 基坑回填后，要拔除钢板桩，以便重复使用。拔除钢板桩前，应仔细研究拔桩方法顺序和拔桩时间及土孔处理。否则，由于拔桩的振动影响，以及拔桩带土过多会引起地面沉降和移位，会给已施工的地下结构带来危害，并影响临近原有建筑物或地下管线的安全，设法减少拔桩带土十分重要，目前主要采用灌水、灌砂措施。

2. 拔桩方法

1）本工程可采用振动锤拔桩：利用振动锤产生的强迫振动，扰动土质，破坏钢板桩周围土的黏聚力以克服拔桩阻力，依靠附加起吊力的作用将其拔除。

2）拔桩时注意事项

（1）拔桩起点和顺序：对封闭式钢板桩墙，拔桩起点应离开角桩5根以上。可根据沉桩时的情况确定拔桩起点，必要时也可用跳拔的方法。拔桩的顺序最好与打桩时相反；

（2）振打与振拔：拔桩时，可先用振动锤将板桩锁口振活以减小土的黏附，然后边振边拔。对较难拔除的板桩可先用柴油锤将桩振下100～300mm，再与振动锤交替振打、振拔；

（3）起重机应随振动锤的启动而逐渐加荷，起吊力一般略小于减振器弹簧的压缩极限。供振动锤使用的电源为振动锤本身额定功率的1.2～2.0倍。

3. 如钢板桩拔不出，可采用以下措施：

1）用振动锤再复打一次，以克服与土的黏着力及咬口间的铁锈等产生的阻力；

2）按与板桩打设顺序相反的次序拔桩；

3）板桩承受土压一侧的土较密实，在其附近并列打入另一根板桩，可使原来的板桩顺利拔出；

4）在板桩两侧开槽，放入膨润土浆液，拔桩时可减少阻力。

4. 钢板桩施工中常见的问题及处理方法：

1）倾斜。产生这种问题的原因是被打桩与邻桩锁口间阻力较大，而打桩行进方向的贯入阻力小；处理方法有：施工过程中用仪器随时检查、控制、纠正；发生倾斜时用钢丝绳拉住桩身，边拉边打，逐步纠正；对先打的板桩适度预留偏差；

2）扭转。产生该问题的原因：锁口是铰式连接；处理

106

方法有：在打桩行进方向用卡板锁住板桩的前锁口；在钢板桩之间的两边空隙内，设滑轮支架，制止板桩下沉中的转动；在两块板桩锁口搭扣处的两边，用垫铁和木楔填实；

3）共连。产生的原因：钢板桩倾斜弯曲，使槽口阻力增加；处理方法有：发生板桩倾斜及时纠正；把相邻已打好的桩用角铁电焊临时固定。

7.3.9　钢板桩土孔处理

对拔桩后留下的桩孔，必须及时回填处理。回填的方法采用填入法，填入法所用材料为石屑或中粗砂。

8 型钢水泥土搅拌桩

8.1 施 工

8.1.1 施工设备

1. 三轴水泥土搅拌桩施工应根据地质条件和周边环境条件、成桩深度、桩径等选用不同形式和不同功率的三轴搅拌机,与其配套的桩架性能参数应与搅拌机的成桩深度相匹配,钻杆及搅拌叶片构造应满足在成桩过程中水泥和土能充分搅拌的要求。

2. 三轴搅拌桩机应符合以下规定:

1)搅拌驱动电机应具有工作电流显示功能;

2)应具有桩架垂直度调整功能;

3)主卷扬机应具有无级调速功能;

4)采用电机驱动的主卷扬机应有电机工作电流显示,采用液压驱动的主卷扬机应有油压显示;

5)桩架立柱下部搅拌轴应有定位导向装置;

6)在搅拌深度超过 20m 时,应在搅拌轴中部位置的立柱导向架上安装移动式定位导向装置。

3. 注浆泵的工作流量应可调节,其额定工作压力不宜小于 2.5MPa,并应配置计量装置。

8.1.2 施工准备

1. 基坑工程实施前,应掌握工程的性质与用途、规模、工期、安全与环境保护要求等情况，并应结合调查得到的施工条件、地质状况及周围环境条件等因素编制施工组织设计。

2. 水泥土搅拌桩施工前，对施工场地及周围环境进行调查应包括机械设备和材料的运输路线、施工场地、作业空间、地下障碍物的状况等。对影响水泥土搅拌桩成桩质量及施工安全的地质条件（包含地层构成、土性、地下水等）必须详细调查。

3. 施工现场应先进行场地平整，清除搅拌桩施工区域的表层硬物和地下障碍物，遇明洪、暗塘或低洼地等不良地质条件时应抽水、清淤、回填素土并分层夯实。现场道路的承载能力应满足桩机和起重机平稳行走的要求。

4. 水泥土搅拌桩施工前，应按照搅拌桩桩位布置图进行测量放样并复核验收。根据确定的施工顺序，安排型钢、配套机具、水泥等物资的放置位置。

5. 根据型钢水泥土搅拌墙的轴线开挖导向沟，应在沟槽边设置搅拌桩定位型钢，并应在定位型钢上标出搅拌桩和型钢插入位置。

6. 若采用现浇的钢筋混凝土导墙，导墙宜筑于密实的土层上，并高出地面100mm，导墙净距应比水泥土搅拌桩设计直径宽40～60mm。

7. 搅拌桩机和供浆系统应预先组装、调试，在试运转正常后方可开始水泥土搅拌桩施工。

8. 施工前应通过成桩试验确定搅拌下沉和提升速度、水泥浆液水灰比等工艺参数及成桩工艺；测定水泥浆从输送管到达搅拌机喷浆口的时间。当地下水有侵蚀性时，宜通过试验选用合适的水泥。

9. 型钢定位导向架和竖向定位的悬挂构件应根据内插型钢的规格尺寸制作。

8.1.3 水泥土搅拌桩施工

1. 水泥土搅拌桩施工时桩机就位应对中，平面允许偏差应为 ±20mm，立柱导向架的垂直度不应大于 1/250。

2. 搅拌下沉速度宜控制在 0.5～1m/min，提升速度宜控制在 1～2m/min，并保持匀速下沉或提升。提升时不应在孔内产生负压造成周边土体的过大扰动，搅拌次数和搅拌时间应能保证水泥土搅拌桩的成桩质量。

3. 对于硬质土层，当成桩有困难时，可采用预先松动土层的先行钻孔套打方式施工。

4. 浆液泵送量应与搅拌下沉或提升速度相匹配，保证搅拌桩中水泥掺量的均匀性。

5. 搅拌机头在正常情况下应上下各一次对土体进行喷浆搅拌，对含砂量大的土层，宜在搅拌桩底部 2～3m 范围内上下重复喷浆搅拌一次。

6. 水泥浆液应按设计配比和拌浆机操作规定拌制，并应通过滤网倒入具有搅拌装置的贮浆桶或贮浆池，采取防止浆液离析的措施。在水泥浆液的配比中可根据实际情况加入相应的外加剂，各种外加剂的用量均宜通过配比试验及成桩试验确定。

7. 三轴水泥土搅拌桩施工过程中，应严格控制水泥用量，宜采用流量计进行计量。因搁置时间过长产生初凝的浆液，应作为废浆处理，严禁使用。

8. 施工时如因故停浆，应在恢复喷浆前，将搅拌机头提升或下沉 0.5m 后再喷浆搅拌施工。

9. 水泥土搅拌桩搭接施工的间隔时间不宜大于 24h，当超过 24h 时，搭接施工时应放慢搅拌速度。若无法搭接或搭接不良，应作为冷缝记录在案，并应经设计单位认可后，在搭接处采取补救措施。

10. 采用三轴水泥土搅拌桩进行土体加固时，在加固深度范围以上的土层被扰动区应采用低掺量水泥回掺加固。

11. 若长时间停止施工，应对压浆管道及设备进行清洗。

12. 搅拌机头的直径不应小于搅拌桩的设计直径。水泥土搅拌桩施工过程中，搅拌机头磨损量不应大于 10mm。

13. 搅拌桩施工时可采用在螺旋叶片上开孔、添加外加剂或其他辅助措施，以避免土附着在钻头叶片上。

14. 型钢水泥土搅拌墙施工过程中应按本规程填写每组桩成桩记录表及相应的报表。

8.1.4 型钢的插入与回收

1. 型钢宜在搅拌桩施工结束后 30min 内插入，插入前应检查其平整度和接头焊缝质量。

2. 型钢的插入必须采用牢固的定位导向架，在插入过程中应采取措施保证型钢垂直度。型钢插入到位后应用悬挂构件控制型钢顶标高，并与已插好的型钢牢固连接。

3. 型钢宜依靠自重插入，当型钢插入有困难时可采用辅助措施下沉。严禁采用多次重复起吊型钢并松钩下落的插入方法。

4. 拟拔出回收的型钢，插入前应先在干燥条件下除锈，再在其表面涂刷减摩材料。完成涂刷后的型钢，在搬运过程中应防止碰撞和强力擦挤。减摩材料如有脱落、开裂等现象应及时修补。

5. 型钢拔除前水泥土搅拌墙与主体结构地下室外墙之间的空隙必须回填密实。在拆除支撑和腰梁时应将残留在型钢表面的腰梁限位或支撑抗剪构件、电焊疤等清除干净。型钢起拔宜采用专用液压起拔机。

8.1.5 环境保护

1. 型钢水泥土搅拌墙施工前，应掌握下列周边环境资料：

1）邻近建筑物（构筑物）的结构、基础形式及现状；

2）被保护建筑物（构筑物）的保护要求；

3）邻近管线的位置、类型、材质、使用状况及保护要求。

2. 对环境保护要求高的基坑工程，宜选择挤土量小的搅拌机头，并应通过试成桩及其监测结果调整施工参数。当邻近保护对象时，搅拌下沉速度宜控制在 $0.5 \sim 0.8 \mathrm{m/min}$，提升速度宜控制在 $1 \mathrm{m/min}$ 内；喷浆压力不宜大于 $0.8 \mathrm{MPa}$。

3. 施工中产生的水泥土浆，可集积在导向沟内或现场临时设置的沟槽内，待自然固结后方可外运。

4. 周边环境条件复杂、支护要求高的基坑工程，型钢不宜回收。

5. 对需回收型钢的工程，型钢拔出后留下的空隙应及时注浆填充，并应编制包括浆液配比、注浆工艺、拔除顺序等内容的专项方案。

6. 在整个施工过程中，应对周边环境及基坑支护体系进行监测。

8.2 质量检查与验收

8.2.1 一般规定

1. 型钢水泥土搅拌墙的质量检查与验收应分为施工期间

112

过程控制、成墙质量验收和基坑开挖期检查三个阶段。

2. 型钢水泥土搅拌墙施工期间过程控制的内容应包括：验证施工机械性能，材料质量，检查搅拌桩和型钢的定位、长度、标高、垂直度，搅拌桩的水灰比、水泥掺量，搅拌下沉与提升速度，浆液的泵压、泵送量与喷浆均匀度，水泥土试样的制作，外加剂掺量，搅拌桩施工间歇时间及型钢的规格，拼接焊缝质量等。

3. 在型钢水泥土搅拌墙的成墙质量验收时，主要应检查搅拌桩体的强度和搭接状况、型钢的位置偏差等。

4. 基坑开挖期间应检查开挖面墙体的质量，腰梁和型钢的密贴状况以及渗漏水情况等。

5. 采用型钢水泥土搅拌墙作为支护结构的基坑工程，其支撑（或锚杆）系统、土方开挖等分项工程的质量验收应按国家现行标准《建筑地基基础工程施工质量验收规范》GB 50202 和《建筑基坑支护技术规程》JGJ 120 等有关规定执行。

8.2.2 检查与验收

1. 浆液拌制选用的水泥、外加剂等原材料的检验项目及技术指标应符合设计要求和国家现行有关标准的规定。

检查数量：按批检查。

检验方法：查产品合格证及复试报告。

2. 浆液水灰比、水泥掺量应符合设计和施工工艺要求，浆液不得离析。

检查数量：按台班检查，每台班不应少于 3 次。

检验方法：浆液水灰比应用比重计抽查；水泥掺量应用计量装置检查。

3. 焊接 H 型钢焊缝质量应符合设计要求和现行行业

标准。

《焊接 H 型钢》YB 3301 和《建筑钢结构焊接技术规程》JGJ 81 的有关规定。H 型钢的允许偏差应符合表 8.2.2-1 的规定。

H 型钢允许偏差　　　　　　　　表 8.2.2-1

序号	检查项目	允许偏差（mm）	检查数量	检查方法
1	截面高度	±5.0	每根	用钢尺量
2	截面宽度	±3.0	每根	用钢尺量
3	腹板厚度	−1.0	每根	用游标卡尺量
4	翼缘板厚度	−1.0	每根	用游标卡尺量
5	型钢长度	±50	每根	用钢尺量
6	型钢挠度	$L/500$	每根	用钢尺量

注：表中 L 为型钢长度。

4. 水泥土搅拌桩施工前，当缺少类似土性的水泥土强度数据或需通过调节水泥用量、水灰比以及外加剂的种类和数量以满足水泥土强度设计要求时，应进行水泥土强度室内配比试验，测定水泥土 28d 无侧限抗压强度。试验用的土样，应取自水泥土搅拌桩所在深度范围内的土层。当土层分层特征明显、土性差异较大时，宜分别配置水泥土试样。

5. 基坑开挖前应检验水泥土搅拌桩的桩身强度，强度指标应符合设计要求。水泥土搅拌桩的桩身强度宜采用浆液试块强度试验确定，也可以采用钻取桩芯强度试验确定。桩身强度检测方法应符合下列规定：

1）浆液试块强度试验应取刚搅拌完成而尚未凝固的水泥土搅拌桩浆液制作试块，每台班应抽检 1 根桩，每根桩不应少于 2 个取样点，每个取样点应制作 3 件试块。取样点应设置在基坑坑底以上 1m 范围内和坑底以上最软弱土层处的搅拌桩内。试块应及时密封水下养护 28d 后进行无侧限抗压强度试验。

2）钻取桩芯强度试验应采用地质钻机并选择可靠的取芯钻具，钻取搅拌桩施工后 28d 龄期的水泥土芯样，钻取的芯样应立即密封并及时进行无侧限抗压强度试验。抽检数量不应少于总桩数的 2%，且不得少于 3 根。每根桩的取芯数量不宜少于 5 组，每组不宜少于 3 件试块。芯样应在全桩长范围内连续钻取的桩芯上选取，取样点应取沿桩长不同深度和不同土层处的 5 点，且在基坑坑底附近应设取样点。钻取桩芯得到试块强度，宜根据钻取桩芯过程中芯样的情况，乘以 1.2～1.3 的系数已钻孔取芯完成后的空隙应注浆填充。

3）当能够建立静力触探、标准贯入或动力触探等原位测试结果与浆液试块强度试验或钻取桩芯强度试验结果的对应关系时，也可采用原位试验检验桩身强度。

6. 水泥土搅拌桩成桩质量检验标准应符合表 8.2.2-2 的规定。

水泥土搅拌桩成桩质量检验标准　　表 8.2.2-2

序号	检查项目	允许偏差或允许值	检查数量	检查方法
1	桩底标高	+50mm	每根	测钻杆长度
2	桩位偏差	50mm	每根	用钢尺量
3	桩径	±10mm	每根	用钢尺量钻头
4	施工间歇	<24h	每根	查施工记录

7. 型钢插入允许偏差应符合表 8.2.2-3 的规定。

型钢插入允许偏差 表 8.2.2-3

序号	检查项目	允许偏差或允许值	检查数量	检查方法
1	型钢顶标高	±50mm	每根	水准仪测量
2	型钢平面位置	50mm（平行于基坑边线）	每根	用钢尺量
		10mm（垂直于基坑边线）	每根	用钢尺量
3	形心转角	3°	每根	量角器测量

8. 型钢水泥土搅拌桩验收的抽检数量不宜少于总桩数的 5%。

9　水泥土搅拌桩

9.1　一般规定

9.1.1　地基基础工程施工前，必须具备完整的地质勘察资料及工程附近管线、建筑物、构筑物和其他公共设施的构造情况，必要时应作施工勘察和调查以确保工程质量及临近建筑的安全。

9.1.2　施工过程中出现异常情况时，应停止施工，由监理或建设单位组织勘察、设计、施工等有关单位共同分析情况，解决问题，消除隐患，并应形成文件资料。

9.2　施工准备

9.2.1　技术准备

1. 熟悉施工图纸及设计说明和其他设计文件。

2. 施工方案审核、批准已经完成。

3. 根据施工技术交底、安全交底进行各项施工准备。

4. 施工前应检查水泥及外掺剂的质量，桩位、搅拌机工作性能、各种计量设备（主要是水泥流量计及其他计量设备）完好程度。

9.2.2　材料要求

水泥：采用新鲜水泥，出厂日期不得超过三个月，必须具有出厂合格证与质保单并应做复试。

外加剂：所采用外加剂须具备合格证与质保单，满足设计各项参数要求。

9.2.3 主要机具

机具设备包括：深层搅拌机、起重机、水泥制配系统、导向设备及提升速度量测设备等，深层搅拌机及与之配套的起吊设备。

9.2.4 作业条件

1. 深层搅拌法施工的场地应事先平整，清除桩位处地上、地下一切障碍物（包括大块石、树根和生活垃圾等）。场地低洼时应回填黏性土料，不得回填杂填土。基础底面以上宜预留 500mm 厚的土层，搅拌桩施工到地面，开挖基坑时，应将上部质量较差桩段挖去。

2. 施工前应标定深层搅拌机械的灰浆泵输浆量、灰浆经输浆管送达搅拌机喷浆口的时间和起吊设备提升速度等施工参数，并根据设计要求通过成桩试验，确定搅拌桩的配比和施工工艺。

3. 施工使用的固化剂和外掺剂必须通过加固土室内试验检验方能使用。固化剂浆液应严格按预定的配比拌制。制备好的浆液不得离析，泵送必须连续，拌制浆液的罐数、固化剂与外掺剂的用量以及泵送浆液的时间等应有专人记录。

4. 应保证起吊设备的平整度和导向架的垂直度。

9.2.5 质量关键要求

1. 钻杆垂直度不大于 1.5%。

2. 钻杆提升速度不得超过 0.5m/min。

9.2.6 职业健康安全关键要求

1. 操作工人进入施工场地必须戴好安全帽，严禁酒后操作和施工。

2. 机械操作人员必须身体健康，培训合格、持证上岗，非专业人员禁止操作机械。

3. 在使用电动工具时，用电应符合《施工现场临时用电安全技术规范》JGJ 46—2005。

4. 上灰工上岗时应采取戴口罩等防止粉尘的措施，防止粉尘吸入。

9.2.7 环境关键要求

1. 要有控制水泥灰尘飞扬的措施。

2. 施工现场应设置围挡式垃圾集中堆放场所，并有明显标识。

3. 施工垃圾不得随意消纳，垃圾消纳必须符合国家、地方环境保护相关规定。

4. 施工机械不得有滴漏油现象，维修时要采取接油漏措施，禁止油污直接滴漏在地表上，以防造成大地土壤污染。

5. 在施工过程中应防止噪声污染，在施工噪声敏感区域宜选择低噪声设备，也可采取其他降低噪声的措施。

9.3 施 工 工 艺

9.3.1 深层搅拌法的施工程序为：搅拌机定位→预搅下沉→制配水泥浆（或砂浆）→喷浆搅拌、提升→重复搅拌下沉→重复搅拌提升直至孔口→关闭搅拌机、清洗→移至下一根桩、重复以上工序。

9.3.2 施工时，先将深层搅拌机用钢丝绳吊挂在起重机上，用输浆胶管将贮料罐砂浆泵与深层搅拌机接通，开动电动机，搅拌机叶片相向而转，借设备自重，以 0.38～0.75m/min

的速度沉至要求加固深度；再以 0.3~0.5m/min 的均匀速度提起搅拌机，与此同时开动砂浆泵将砂浆从深层搅拌中心管不断压入土中，由搅拌叶片将水泥浆与深层处的软土搅拌，边搅拌边喷浆直到提至地面（近地面开挖部位可不喷浆，便于挖土），即完成一次搅拌过程。用同法再一次重复搅拌下沉和重复搅拌喷浆上升，即完成一根柱状加固体，外形呈现"8"字形，一根接一根搭接，即成壁状加固体，几个壁状加固体连成一片，即成块状。

9.3.3 施工中固化剂应严格按预定的配合比拌制，并应有防离析措施。起吊应保证起吊设备的平整度和导向架的垂直度。成桩要控制搅拌机的提升速度和次数，使连续均匀，以控制注浆量，保证搅拌均匀，同时泵送必须连续。

9.3.4 砂浆水灰比设计无要求时采用 0.43~0.50，水泥掺入量一般为水泥重量的 12%~17%。

9.3.5 搅拌机预搅下沉时，不宜冲水；当遇到较硬土层下沉太慢时，方可适量冲水，但应考虑冲水成桩对桩身强度的影响。

9.3.6 每天加固完毕，应用水清洗贮料罐、砂浆泵、深层搅拌机及相应管道，以备再用。

9.4 质量与检验标准

9.4.1 搅拌机喷浆提升的速度和次数必须符合施工工艺的要求，应有专人记录搅拌机每米下沉或提升的时间，深度记录误差不得大于 50mm，时间记录误差不得大于 5s，施工中发现的问题及处理情况均应注明。

9.4.2 施工过程中应随时检查施工记录，并对每根桩进行质量评定。对于不合格的桩应根据其位置和数量等具体情况，分别采取补桩或加强邻桩等措施。

9.4.3 搅拌桩应在成桩后 7d 内用轻便触探器钻取桩身加固土样，观察搅拌均匀程度，同时根据轻便触探击数用对比法判断桩身强度。检验桩的数量应不少于已完成桩数的 2%。

9.4.4 在下列情况下尚应进行取样、单桩载荷试验或开挖检验：

1. 经触探检验对桩身强度有怀疑的桩应钻取桩身芯样，制成试块并测定桩身强度。

2. 场地复杂或施工有问题的桩应进行单桩载荷试验，检验其承载力。

3. 对相邻桩搭接要求严格的工程，应在桩养护到一定龄期时选取数根桩体进行开挖，检查桩顶部分外观质量。

9.4.5 进行强度检验时，对承重水泥土搅拌桩应取 90d 后的试件；对支护水泥土搅拌桩应取 28d 后的试件。

9.4.6 基槽开挖后，应检验桩位、桩数与桩顶质量，如不符合规定要求，应采取有效补救措施。

9.4.7 水泥土搅拌桩地基质量检验标准应符合表 9.4.7 的规定。

水泥土搅拌桩地基质量检验标准 表 9.4.7

项目	序	检查项目	允许偏差或允许值		检查方法
			单位	数值	
主控项目	1	水泥及外掺剂质量	设计要求		查产品合格证书或抽样送检
	2	水泥用量	参数指标		查看流量表及水泥浆水灰比
	3	桩体强度	设计要求		按规定办法
	4	地基承载力	设计要求		按规定办法

项	序	检查项目	允许偏差或允许值		检查方法
			单位	数值	
一般项目	1	机头提升速度	m/min	≤0.5	量机头上升距离与时间比
	2	桩底标高	mm	±200	测机头深度
	3	桩顶标高	mm mm	+100 −50	水准仪 (最上部 500mm 不计入)
	4	桩位偏差	mm	<50	用钢尺量
	5	桩径		<0.04D	用钢尺量，D 为桩径
	6	垂直度	%	≤1.5	经纬仪
	7	搭接	mm	>200	用钢尺量

参 考 文 献

[1] 上海市工程建设规范. 地下连续墙施工规程 DG/TJ 08-2073-2010.

[2] 国家标准. 锚杆喷射混凝土支护技术规范 GB 50086-2001.

[3] 行业标准. 建筑基坑支护技术规程 JGJ 120-99.

[4] 行业标准. 建筑桩基技术规范 JGJ 94-2008.

[5] 行业标准. 基坑土钉支护技术规程 CECS 96-1997.

[6] 行业标准. 型钢水泥土搅拌墙技术规程 JGJ/T 199-2010.